U0168740

海洋经济规划与治理系列丛书/主　编　沈体雁

北京大学城市治理研究院、北京大学海洋研究院联合出品

中国海洋产业园区发展研究

沈体雁　秦琳贵 等　著

海洋出版社

2021年·北京

图书在版编目(CIP)数据

中国海洋产业园区发展研究／沈体雁等著. — 北京：海洋出版社，2021. 2
(海洋经济规划与治理系列丛书)
ISBN 978-7-5210-0702-2

Ⅰ. ①中… Ⅱ. ①沈… Ⅲ. ①海洋经济-工业园区-经济发展-研究-中国 Ⅳ. ①P74

中国版本图书馆 CIP 数据核字(2020)第 266185 号

责任编辑：薛菲菲
责任印制：赵麟苏

海洋出版社 出版发行
http://www.oceanpress.com.cn
北京市海淀区大慧寺路 8 号 邮编：100081
中煤（北京）印务有限公司印刷
2021 年 4 月第 1 版 2021 年 4 月北京第 1 次印刷
开本：710 mm×1000 mm 1/16 印张：12.75
字数：189 千字 定价：78.00 元
发行部：62100090 邮购部：68038093
总编室：62100971 编辑室：62100095

海洋经济规划与治理系列丛书

编　委　会

序

海洋是全球生命支持系统的基本组成部分，是人类重要的资源宝库、环境调节器、战略新疆域和实现全球联通的大通道。在全球粮食、资源、能源供应紧张与人口迅速增长的矛盾的推动下，开发利用海洋资源是历史发展的必然。海洋作为新的经济前沿和增长引擎，正在展现出促进经济增长、创造就业和推动创新的巨大潜力。目前，国际社会普遍认为，海洋经济是全球经济的重要组成部分和新的增长点，对人类的未来福祉和繁荣至关重要。

根据经济合作与发展组织2016年发布的《海洋经济2030》报告，基于经济合作与发展组织的海洋经济数据库值计算，2010年全球海洋经济的价值为1.5万亿美元，接近世界经济总增加值的2.5%；至2030年，无论是在经济增加值还是就业方面，海洋经济增速都将超过全球经济整体增速，海洋经济增加值将达到2010年的2倍，超过3万亿美元，直接提供约4000万全职工作岗位。目前，发达国家的海洋经济占国内生产总值的比重普遍超过20%，其中，美国的海岸和海洋经济占国内生产总值的51%和就业率的75%，约有80%的国内生产总值受到海岸海洋经济的驱动，40%直接受海洋经济的驱动，海洋经济总量领先全球。可见，海洋经济已经成为全球经济竞争的新阵地；维护海洋健康，实现海洋经济可持续发展成为当前极为重要的国际政策议题。

党和政府高度重视海洋经济的可持续发展和高质量发展，我国海洋经济发展取得了长足的进步。根据国家发展和改革委员会、自然资源部发布的《中国海洋经济发展报告2020》，2019年，我国海洋生产总值超过8.9万亿元，按照当年人民币与美元的平均汇率换算，约为1.3万亿美元，接近2010年全球海洋经济总产值；海洋经济对国民经济增长的贡献率达到9.1%，拉动国民经济增长0.6个百分点；海洋经济结构不断优化，海洋产业转型升级步伐加快，智能船舶研发、绿色环保船舶建造取得新突破，以海洋生物医药、海水利用为代表的海洋新兴产业快速发展；海运出口贸易总额持续增长，全年达到16 601亿美元。总体而言，中国海洋经济发展已经进入了一个又快又好、良性循环的发展快车道。

当然，我们也必须看到，目前我国海洋经济发展仍然面临四个方面的突出问题：一是海洋产业结构有待提升。海洋传统产业过多过滥，但海洋新兴产业、战略性产业和高科技产业比重仍旧过低。根据《海洋经济蓝皮书：中国海洋经济发展报告（2019—2020）》，2019年我国传统海洋行业增加值占海洋生产总值的比重为34.66%，而新兴海洋产业增加值占比只有5.29%，远远低于传统产业的增加值占比。二是海洋经济技术结构有待提高。海洋产业发展方式粗放，科技基础和支撑能力不足，科技对海洋经济的贡献度仍然偏低。三是海洋经济空间结构有待优化。一方面海洋经济主战场仍然局限于沿岸、领海和近海区域，深远海和大洋经济仍然没有得到足够的重视；另一方面海洋经济集聚水平仍然不高，缺乏高质量的海洋经济发展平台和具有国际竞争力的海洋产业集群。四是海洋经济可持续性有待加强。海洋生态环境压力比较大，近海污染严重，生物资源衰减状况没有得到根本好转。总之，我国海洋经济发展存在着不平衡、不协调、不可持续以及抗风险性和创新性不足等问题，进一步提升海洋经济的产业结构调控、风险管控、涉海主体矛盾协调以及创新驱动引领能力，是创新发展海洋经济新产业、打造增长新引擎、构建可持续发展新屏障的必由之路。推进产业结构调整、技术结构提升、空间结构优化和环境可持续发展，加快海洋产业转型升级和战略性结构调整，是目前我们面临的十分繁重的任务。

为了充分发挥市场资源配置作用和更好发挥政府作用，应进一步完善海洋经济规划与治理，加快构建现代海洋产业体系，推动海洋经济治理体系与能力现代化。首先，积极探索采用云计算、大数据和人工智能等科技手段，建立现代海洋产业辨识、统计、监测和规划体系。通过海洋领域供给侧结构性改革、优化海洋经济空间布局和突破“卡脖子”关键技术，促进海洋经济增长、绿色发展和科技创新，壮大龙头骨干企业，打造世界级创新型海洋产业集群。其次，积极构建海岸带综合保护利用规划体系和海洋空间规划体系，促进节约集约利用海洋资源，加强海洋生态保护与修复，为海洋经济可持续发展提供自然资源和国土空间保障。最后，积极参与全球海洋治理，加强区域海洋合作，推动建立开放包容、具体务实、互利共赢的蓝色伙伴关系，共同保护海洋生态、维护海洋健康，发展蓝色经济。

党的十八大提出了“建设海洋强国”的战略目标，党的十九大提出“坚持陆海统筹，加快建设海洋强国”。《中华人民共和国国民经济和社会发展第十四个五年规划和2035年远景目标纲要》进一步提出要“积极拓展海洋经济发展空间”“坚持陆海统筹、人海和谐、合作共赢，协同推进海洋生态保护、海洋经济发展和海洋权益维护，加快建设海洋强国”“建设一批高质量海洋经济发展示范区和特色化海洋产业集群，全面提高北部、东部、南部三大海洋经济圈发展水平”。为落实海洋强国战略，加强海洋经济规划治理理论与实践研究，北京大学城市治理研究院和北京大学海洋研究院联合国内外专家学者，在参与自然资源部有关海洋园区、海洋经济示范区和海洋产业集聚区规划发展系列课题基础之上，决定组织出版“海洋经济规划与治理系列丛书”，为国家海洋经济高质量发展提供科学依据和理论方法支撑。

从书涉及“海洋产业园区发展研究”“国家海洋经济发展示范区高

质量发展研究”“国家海洋经济创新发展示范城市建设研究”“创新型海洋产业集群”“海岸带综合保护利用规划”“海洋空间规划”等方面的选题，将由海洋出版社陆续出版。由于时间和水平有限，丛书难免会有疏漏和不妥之处，敬请读者和同行批评指正。

希望我们的研究与中国的海洋经济共同成长！

2021 年 3 月

前　言

21世纪是海洋世纪，海洋是世界各国新时代发展的资源动力和经济战场，牵动着国际政治关系和世界经济格局的变迁。我国经济正由高速增长阶段转向高质量发展阶段，并迈向高质量发展新时代，对海洋资源开发和国际战略通道的依赖程度日益剧增。当前国际海洋开发形势和国家海洋强国战略，也要求把海洋经济作为新时代国家经济社会发展的重要战略举措。

海洋产业园区是指一个国家或地区为加快海洋产业发展，以海洋资源或涉海空间为依托，在沿海或沿江地区通过政府主导、规划引导所设立的产业发展管理区或通过市场机制自发形成的优势产业集聚区域，是海洋经济发展到一定阶段的产物，是海洋经济发展的空间组织形式与重要载体。建设国家海洋产业园区有助于带动海洋经济和国内经济发展，促进海洋产业转型升级和区域一体化，完善沿海地区整体经济布局，实现海陆统筹，并能提升我国在海洋资源开发、航运贸易活动等方面的国际竞争力。

本书是在《国家海洋经济可持续发展“十三五”规划研究》、自然资源部海洋战略规划与经济司委托课题《海洋经济发展示范区运行监测评估指标体系研究》和《海洋经济发展示范区支持政策研究》等课题的支持下，以“海洋强国”战略和“一带一路”倡议为指导，以海洋产业结构调整升级、沿海产业布局优化要求为导向，以集聚经济理论和产业区理论等为基础，以海洋产业地理信息系统和大数据分析为手段，借鉴国际海洋产业集聚发展的经验与教训，通过对我国海洋产业园区发展现状、问题与发展条件进行系统的调查研究，明确新时代我国海洋产业园区可持续发展的定位、目标、布局原则与思路。在此基础上，提出了现有涉海园区升级换代以及海洋产业园区设立布局方案，以及管理体制机制创新的政策建议。

本书在编撰过程中得到原国家海洋局、各有关地市海洋与渔业等部门的大力支持和精心指导，采集到大量珍贵的第一手数据资料，夯实了理论研究与实证研究基础。以范恒山、周力平同志为顾问的编委会为本书大纲的制定及总体框架的确立提出了诸多宝贵意见。北京大学城市治理研究院和北京大学海洋研究院的各位同事给予了大力支持。课题组成员河北工业大学经济管理学院张超副教授，中央财经大学温锋华副教授，北京物资学院齐子翔副教授以及北京大学政府管理学院周麟、郭洁、于瀚辰、黄宁、孙童、邱亦雯、施晓铭、王怡婷、蔡元达、周子浩、韩旭等老师和同学为课题调研和成果撰写作出了积极贡献。全书历经数稿修订，终于成稿，值此付梓之际，特对本书编委会及参与撰写的全体同志表示感谢。最后对海洋出版社高朝君主任和薛菲菲编辑表示衷心的感谢，她们的持续鞭策和辛勤劳动是本书得以出版的重要动力。本书文责自负，仅代表课题研究团队的观点，虽数易其稿，难免存在错误与不足，敬请广大学者予以批评和指正。

目　　录

第一章　绪　论 …… 1
一、研究背景 …… 1
二、研究对象 …… 3
三、研究意义 …… 4
四、研究技术路径 …… 6
第二章　海洋产业园区的概念与机理 …… 7
一、海洋产业园区的内涵 …… 7
二、海洋产业园区的主要类型 …… 9
三、海洋产业园区的形成机理 …… 10
第三章　我国现有涉海产业园区发展现状与问题 …… 14
一、我国现有涉海产业园区类型 …… 14
二、我国涉海产业园区空间分布特点 …… 16
三、我国海洋产业园区发展历程及现状 …… 17
四、我国海洋产业园区发展存在的主要问题 …… 22
第四章　国内外先进海洋产业园区发展概况与经验启示 …… 25
一、国内先进海洋产业园区发展经验 …… 25
二、国外先进海洋产业园区发展经验 …… 41
三、国内外先进海洋产业园区经验启示 …… 50
第五章　新时代国家海洋产业园区发展思路 …… 56
一、新时代国家海洋产业园区发展指导思想 …… 56
二、新时代国家海洋产业园区发展总体思路 …… 56
三、新时代国家海洋产业园区发展定位 …… 57
四、新时代国家海洋产业园区发展目标 …… 59

五、新时代国家海洋产业园区主要任务 …… 60
第六章　新时代国家海洋产业园区空间布局 …… 63
一、国家海洋产业园区布局原则 …… 63
二、国家海洋产业园区布局总体思路 …… 65
三、国家海洋产业园区空间布局体系 …… 67
第七章　国家海洋产业园区申报认定及退出机制 …… 74
一、国家海洋产业园区申报机制 …… 74
二、国家海洋产业园区认定机制 …… 77
三、国家海洋产业园区退出机制 …… 78
第八章　国家海洋产业园区管理体制 …… 80
一、国家海洋产业园区治理结构与经营模式 …… 80
二、国家海洋产业园区规划管理 …… 85
三、国家海洋产业园区投融资管理 …… 99
四、国家海洋产业园区风险评估与管理机制 …… 111
五、国家海洋产业园区区域合作机制 …… 123
第九章　中国海洋产业政策转型：从行业导向转向集群和园区导向 …… 130
一、发达国家和地区海洋产业政策的转型 …… 130
二、集群导向的海洋产业政策 …… 142
三、中国海洋产业政策发展与转型思路 …… 152
四、国家海洋产业园区政策建议 …… 155
参考文献 …… 169
附　录 …… 172

第一章 绪 论

一、研究背景

“十三五”“十四五”时期是我国海洋经济加快调整优化的关键时期，也是我国海洋产业园区转型升级的重要阶段，为进一步贯彻落实“一带一路”倡议和海洋强国战略的实施，根据《中国制造2025》《全国海洋主体功能区规划》(国发〔2015〕42号)和《中华人民共和国国民经济和社会发展第十四个五年规划和2035年远景目标纲要》(以下简称“十四五”规划)有关精神，深入开展海洋产业园区转型升级研究，对于促进我国海洋经济可持续发展，实现“两个一百年”奋斗目标和中华民族伟大复兴中国梦具有十分重要的意义。

“十四五”规划提出：“坚持陆海统筹、人海和谐、合作共赢，协同推进海洋生态保护、海洋经济发展和海洋权益维护，加快建设海洋强国。”“十四五”规划还从建设现代海洋产业体系、打造可持续海洋生态环境、深度参与全球海洋治理等方面对创新服务海洋经济的保障方式、推动海洋产业结构优化转型发展、拓展海洋经济发展空间、加强海洋战略顶层设计提出了更高要求。

当前我国海洋经济和海洋产业园发展正在出现新情况、新调整和新趋势。

(一)全球海洋产业发展格局出现新调整

当前，世界经济正处于深度调整期，特别是随着石油价格的持续低迷，导致海上石油开采难以为继，与此相关的海洋产业发展深受影响。与此同时，发达国家推出“再工业化”和“制造业回归”战略，通过加大科技创新和产业变革、修改国际投资贸易规则，积极争夺制造业竞争优势和价值链高端环节，我国依靠资源、劳动力成本较低的优势推动海洋产业较快发展的空间受到明显挤压，对我国海洋产业转型升级形成新的压力。

（二）新技术变革引领产业发展新趋势

当前新一轮科技革命和产业复苏正在孕育，技术创新日益活跃，围绕科技与产业发展制高点的竞争日益激烈。信息网络、高端制造等重要领域呈现加速发展态势，而“互联网+”带来的跨界融合进一步催生了海洋产业新技术、新装备、新业态、新商业模式的发展，产业价值链重心由生产环节向研发设计、营销服务转移，产业形态从生产型制造向服务型制造转变，新一轮科技和产业变革的酝酿和推进为我国海洋产业转型升级注入了新的动力，也为我国海洋产业的“赶超发展”提供了条件。

（三）经济发展进入新常态阶段

我国发展仍处于可以大有作为的重要机遇期，经济保持中高速增长，迈向中高端水平的势头明显。随着“一带一路”倡议的深入推进，我国海洋产业将从产品输出为主转向产业输出、产能合作为主，为我国海洋产业及海洋产业园区的国际合作提供了更为广阔的空间。

（四）海洋经济发展方式转变步伐加快

我国海洋产业结构调整正在进入关键期，总体而言，海洋经济在新常态下保持了平稳的增长态势。一方面，受国际原油价格持续走低影响，我国海洋传统产业面临着严峻的形势：海洋油气产量增加值小幅下降，海洋船舶工业加速淘汰落后产能、加速转型升级，沿海港口生产总体放缓，航运市场持续低迷，海洋交通运输业增加值增速放缓。另一方面，海洋新兴产业和海洋服务业等高附加值产业发展势头良好：海洋电力业发展平稳，海上风电场建设稳步推进；海水利用业保持平稳的增长态势，发展环境持续向好；重大海洋工程稳步推进，海洋工程建筑业快速发展；海洋矿业、海洋化工业、海洋生物医药业、滨海旅游业均继续保持较快增长，邮轮游艇等新兴海洋旅游业蓬勃发展。

（五）海洋经济领域供给侧结构性改革将为海洋产业园区发展提供持续和强劲动力

推进供给侧结构性改革，是适应和引领经济发展新常态的重大理论与实践创新，也是实现新旧动能转换、进一步培育发展新动能的关键举措。经过多年的发展，我国海洋产业规模迅速扩大，对促进稳增长、扩内需、调结构、优化国土空间开发和扩大对外开放等发挥了重要作用。随着海洋强国战略、“一带一路”倡议的深入实施，海洋产业结构转型步伐的加快及海洋经济后发优势的进一步发挥，未来我国海洋产业仍具有广阔的发展空间和巨大的发展潜力。但从供给侧看，长期以来，我国海洋产业成本逐年上升，低端、落后、无效、过剩产能偏多，战略性新兴产业规模较小、比重较低，产品质量、品牌优势较弱及产品开发能力不强等结构性问题，将直接制约海洋产业的发展。新时期加快海洋产业发展的关键在于，在适度扩大总需求、促进海洋产业规模做大的同时，应集中破解供给与需求不匹配、不协调和不平衡的问题，以创新驱动发展推进海洋经济领域供给侧结构性改革，从供给侧发力，推动海洋渔业、海洋运输、临海传统产业和滨海旅游等产业改造提升，加快推进海洋油气、海洋生物医药、海洋化工、海水综合利用、海洋工程装备制造、海洋新能源、海洋监测服务等战略性新兴产业发展，加快淘汰落后产能、化解过剩产能，减少无效和低端供给，扩大有效供给，增加海洋产业创新资源、中高端产品和优质服务供给，加快技术、产品、业态、商业模式等创新，增强海洋产业供给结构对需求变化的适应性和灵活性，全面提升海洋产业供给质量和效率，不断增强海洋产业持续发展的动力。

二、研究对象

海洋产业园区是全国海洋经济可持续发展规划的重要内容，是促进我国海洋经济发展、海洋产业结构调整、海洋创新能力提高的重要抓手和载体。海洋产业园区是指一个国家或地区为加快海洋产业发展，以海洋资源或涉海空间为依托，在沿海或沿江地区通过政府主导、规划引导所设立的产业发展管理区或通过市场机制自发形成的优势产业集聚区域。

本书以中国沿海地区的涉海产业园区为研究对象，通过系统地分析和研究我国涉海产业园区发展现状、问题与发展条件，明确我国新时代海洋产业园区可持续发展定位、目标、布局原则与思路，提出现有涉海园区升级换代以及海洋产业园区管理体制机制创新的政策建议。

三、研究意义

研究设立包括国家海洋经济示范区在内的国家海洋产业园区，形成优势互补、布局合理的海洋产业园区体系，对促进我国经济社会发展与实现海洋强国具有重要意义。具体如下。

（一）有利于完善沿海地区整体经济布局，实现海陆统筹

设立国家级海洋产业园区，有利于优化我国沿海地区总体发展战略格局，增强沿海地区开发开放的总体实力，且有利于提升海洋经济辐射带动能力，带动内陆地区发展，进而推动海陆统筹协调。

（二）有利于加速形成新的经济增长极，促进海洋经济转型升级

积极推进海洋产业园区建设，有利于科学规划海洋经济发展，科学规范开发利用海洋资源，集约利用深水岸线、海岛、海洋能等资源，切实保护海岛、海岸带和海洋生态环境；有利于加快培育新的增长极，构筑现代海洋产业体系，促进发展方式转变，实现人海和谐发展。

（三）有利于提高海洋经济国际合作水平，深化我国沿海开放战略

建设海洋产业园区，加快推进海洋经济对外开放，有利于引进先进技术、管理经验和智力资源，巩固和提升我国海洋大国的地位，进一步提升对外开放交流水平，进一步拓展我国对外开放的广度和深度。

（四）有利于发挥集聚效应，有效提高园区整体竞争力

国内外的许多学者从不同的角度对产业集群的形成机理、动力和优势等方面进行了系统的研究。

马歇尔在《经济学原理》一书中认为，产业集群是由外部规模经济所致，外部规模经济是指由产业的地区性集中所带来的产业规模的发展，当集中于特定地区的产业持续增长，在市场机制的作用下，便会产生与之相关联的附属产业或产业链，随之出现与之相适应的劳动力市场、专门化的服务行业、更加完善的交通设施及其他基础设施等，随着产业规模的扩大，集群将会使资源、人才、基础设施等的使用效率大大提高。

阿尔弗雷德·韦伯认为，产业集聚的发展分为两个阶段，第一阶段是简单地通过企业扩张使工业集中化的低级阶段；第二阶段是每个大企业以其完善的组织带来地方集中化，大规模生产的显著经济优势就是有效的地方性集聚因素。

保罗·克鲁格曼的新贸易理论则认为，无论生产要素最初的分配状态如何，通过贸易活动，总会使某些产品的生产集中于某些工业区。各国的贸易优势并不来自国与国的产业区别以及所引起的比较优势，而是来自各国内部的地区产业分工和在此基础上所能达到的规模经济的程度。

迈克尔·波特在《国家竞争优势》一书中提出，产业集群是国家竞争优势的主要来源，生产要素条件、需求条件、相关支撑产业及企业战略、结构与竞争行为等四个方面的因素在地理上的集聚，将激活国家竞争优势产业的钻石系统，从而导致集群现象的产生。

因此，海洋产业园区具有聚合丛集、融合交汇的功能，其建设有利于整合各种要素、资源、技术和信息，区域内产业间、企业间相互沟通与合作形成一系列产业链，各种资源和企业之间的互相渗透与联系，有助于降低交易成本，发挥集聚效应和产业协同效应，提高企业生产力和创新能力，进而增强本地区的竞争优势。

四、研究技术路径

本书采用问题导向与目标导向相结合的技术路线。一方面，从我国现有涉海产业园区发展所面临的瓶颈问题出发，采取实地调研、访谈、问卷等方法，深入分析阻碍海洋产业园区发展的体制机制原因，寻找优化园区布局、活化资源配置、促进产业聚集的思路。另一方面，从国家海洋强国战略需求出发，借鉴国际先进海洋产业园区发展经验，采取对标分析、现标计分析等方法，提出国家海洋产业园区的发展愿景以及实现愿景的策略。根据问题导向和目标导向两个方面的综合研究，明确海洋产业园区发展方针、目标与总体思路，进而从现代海洋产业体系、空间布局和管理体制机制三个维度深入研究海洋产业园区的政策，提出政策实施的若干举措（图 1-1）。

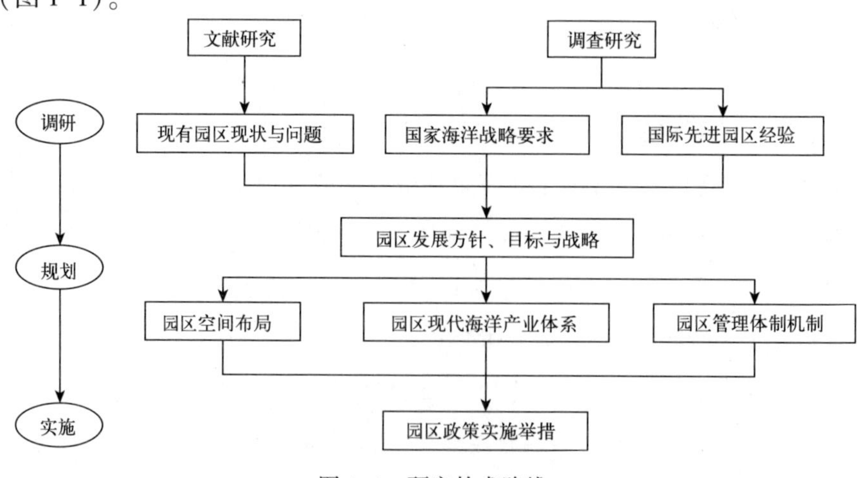

图 1-1　研究技术路线

第二章　海洋产业园区的概念与机理

世界各国经济发展经验表明，产业园区在推动一个国家或地区经济社会发展中所起的作用至关重要。一个国家或地区的发展，不仅需要能支撑经济发展的支柱行业及龙头企业，更需要的是那些支撑块状经济发展的产业园区。

一、海洋产业园区的内涵

（一）海洋产业园区的定义

海洋产业园区是指一个国家或地区为加快海洋产业发展，以海洋资源或涉海空间为依托，在沿海或沿江地区通过政府主导、规划引导所设立的产业发展管理区或通过市场机制自发形成的优势产业集聚区域，具备落实海洋产业政策目标、促进优势产业集聚、汇聚海洋科技创新力量、推动海洋经济转型发展等重要作用。

海洋产业园区是海洋经济发展的空间组织形式和重要载体，是一种资源高度集聚、具有极强经济性的产业空间组织形式。政府或管理机构通过科学、周全的规划来建设适于涉海企业进驻的外部环境，为其提供完备的基础设施和配套服务，以吸引投资，有效集聚海洋产业发展的资源要素，促进信息共享和知识技术的外溢与扩散，形成规模经济和企业分工协作网络，发挥协同效应以提高企业效益，提升海洋产业比较优势和园区整体竞争力。

从布局上看，海洋产业园区是一个国家或地区海洋产业、临港产业及海洋资源要素集聚的空间平台与区域范围。从价值链看，它是海洋产业价值链中重要而特殊的环节，是涉海企业获得相对较低成本和竞争优势的基本载体。从战略上看，它是实现一个国家或地区海洋产业发展目标和海洋经济转型目标的政策工具和抓手。

（二）海洋产业园区的主要特征

海洋产业园区是海洋经济发展到一定阶段的产物，是海洋经济发展的空间组织形式与重要载体。海洋产业园区大体具有以下特征。

1. 涉海性

即园区以加快推动海洋产业发展为目标，且有较为明确的海洋产业发展定位和发展规划。

2. 规模性

具有特定的地域范围和一定的开发面积，可供海洋相关企业入驻，能吸纳大量的生产要素进行集中式的投入，具备比较完善的基础设施和配套设施，但一般来说，面积在500平方千米以下。

3. 空间集聚性

海洋产业园区以空间集聚为基础，通过政府或园区运营管理机构的统一规划、统筹建设、集中管理等，实现园区内基础设施和配套设施的共建共享[1]，以及知识创新、信息服务等资源公共服务的共享。

4. 政策性

政府对入驻海洋产业园区的企业制定相应的引导性、扶持性甚至是特殊的优惠政策，如土地优惠、投资补助、税费减免等政策。

5. 集群效应

海洋产业园区能够形成较为明显的产业集群效应和产业生态系统，园区内企业数量的增加和分工协作网络的形成有助于提高资源要素利用效率、降低企业成本，促进产业关联企业集聚，促进产业集群的形成，形成富有特色的块状经济，进而提升园区整体竞争力。

二、海洋产业园区的主要类型

中外学者对产业园区提出了不同的分类方式。Markusen[2]按照产业区结构特征，将产业集群分为马歇尔新产业区（意大利式产业区为其变体形式）、轮轴式产业区（其地域结构围绕一种或几种工业的一个或多个主要企业）、卫星产业平台（主要由跨国公司的分支工厂组成）、政府定位型产业区（即国家力量依赖型产业区）。Guerrieri 和 Pietrobelli[3]根据企业关系，把产业集群分为企业的地理集群、马歇尔式产业区域、存在某种领导者形式的企业网络。美国学者 Mytelka 和 Farinelli[4]基于产业集群的内在关系，把产业集群分为非正式集群、有组织的产业集群和创新型集群三类。罗若愚[5]按照集群形成方式，把国内的一些产业集群分为“原生型”浙江企业集群、“嵌入型”广东企业集群、“衍生型”天津自行车企业集群。霍丽和惠宁[6]则根据制度在产业集群形成中的作用，将产业集群分为外生式产业集群和内生式产业集群，认为正式制度促进了外生式产业集群的形成，非正式制度孕育了内生式产业集群的形成。

结合国内的实践经验，根据海洋产业园区的形成路径和集聚特点，可大致划分出两类园区。

（一）海洋产业功能区

海洋产业功能区，或称海洋产业集聚区，是指以某个海洋产业为基础而集聚或完整产业链中的几个海洋产业集中于某一地域协同发展的一种经济功能区，具有涉海性、专业化、网络化、创新性、空间集聚性等特征。

（二）海洋产业政策区

海洋产业政策区是国家或地区的政府为加快实现海洋发展目标、落实“海洋强国”等战略而规划设立的特定产业区域，政府为所有进园的涉海企业提供必要的基础设施、公共服务，实行统一规划和集中管理，并出台用地用海、资金、人才、技术等方面的扶持政策。

三、海洋产业园区的形成机理

（一）海洋产业园区的形成条件

从世界范围内产业园区发展的进程看，海洋产业园区得以形成和发展必须具备相应的"硬件"与"软件"，主要包括以下几点。

1. 区位条件

区位因素的内涵不仅包括一般意义上的地理区位，也包含了园区所在地的人文环境，如所在地的发展历史、产业基础、经济结构、周边环境等。

2. 产业因素

任何产业都不是孤立发展的，都依赖于一定的产业链，需要来自上下游企业的支持与协作，由此形成基于产业链的专业化分工网络，使园区集群的效率大大提高。

3. 政策环境

政策环境因素在园区的发展中起着关键性作用，尤其是在园区发展的初期，园区在税收政策、人才政策、土地利用、金融事务等方面所享有的优惠构成了对资本的最初吸引力。

4. 配套设施

配套设施在园区发展中起着重要的作用，园区必须满足"八通一平"（供水、排水、供电、供热、供气、通信、网络、道路通畅，场地平整）的标准，还要具备必要的金融、财务、法律、人才、信息、咨询、商业及生活服务等。

5. 公共服务

园区应设立专门的管理机构，出台相关法规或规定，明确产品质量标准，营造有利于企业健康竞争的环境。

6. 创新平台

创新是园区持续发展的源泉和动力。园区内的企业家群体是否具备创新精神、园区是否具备创新氛围、园区是否具备区域创新体系，成为园区企业和集群能够持续发展的重要因素。

7. 人文环境

人文环境是产业集聚发展的重要土壤，主要包括社会对园区的态度、企业家精神、乡土情怀、区域性格、员工忠诚、宽松开放的创新氛围等。

（二）海洋产业园区的形成路径

从国内外的实践进程来看，海洋产业园区的形成路径主要包括政府主导和自发形成两种模式。

1. 政府主导模式

政府主导的路径是指政府为实现特定的海洋产业目标，通过制定园区产业规划及配套的土地、资金、税收、人才、科技等优惠扶持政策，建设园区路、水、电、气等基础设施和配套设施，吸引优势涉海企业和相关企业入驻园区，推动形成海洋产业的空间集聚。在此基础上，集聚状态下的各市场主体相互作用产生“技术溢出效应”和“稠密市场效应”，产生海洋经济规模效益，推动海洋产业园区实现海洋产业的集群式发展。

2. 自发形成模式

除了依靠政府扶持形成的海洋产业园区，也有大量在市场机制下自发形成的园区，以资源禀赋激发、技术创新带动、产业链延伸的路径完成涉海企业的空间集聚和横纵向协作。

（1）自然禀赋路径

自然禀赋包含自然资源和区位条件两方面。海洋产业是典型的资源型产业，其发展依托独占性自然资源，以海洋资源的开采、加工和消耗实现成长的企业在资源禀赋地区集聚，通过深度专业化，形成完整价值链条、健全产业支撑体系[7]。空间集聚是一种以海洋资源禀赋为基础和原动力的横向集聚，表现为企业在地域上的集中。当企业空间集聚达到一定水平时，聚集在同一地区的企业会围绕特定的海洋资源逐渐分化出上下游的投入产出关系并形成产业链，从而在集群的企业及其他机构间形成网络关系[8]，实现集群内企业纵向分工和横向分工的有机结合，形成产业集聚“带”和集聚“区”，这是海洋产业园区形成和演化的重要内生性动力。

(2)技术创新路径

海洋技术创新也是引发海洋产业集聚的诱因之一。马歇尔指出，产业技术的集聚发展必然经历一个“发展集群、集聚竞争力—外溢、分化与扩散—新的集群再发展、再集聚—再外溢、分化与扩散”的循环发展过程[9]。随着科技在开发海洋资源、拓展海洋经济空间、谋求海洋权益中地位的日益提升，技术创新逐渐成为促使海洋产业园区形成和发展的重要因素。先驱企业首先研发并应用了某海洋产业领域的新技术并取得良好的收益，引发其他企业和投资者进入该领域，形成集群，同时海洋技术研发和创新也在不断进行，通过知识的溢出和扩散，带动整个集群更新升级，获得更高的规模效益，如此往复，推动海洋产业园区不断演化转型。

(3)产业链路径

即通过大型龙头企业的引入，构筑以龙头企业为主导的产业链体系，形成园区的产业集聚发展。价值链理论认为，企业所真正创造的有价值且具有比较优势的经营活动来源于企业价值链上的某个生产经营的环节。对于海洋产业来说，集中资源重点发展海洋产业链中具有比较优势的某一环节，才是涉海企业的核心竞争力所在，而这个过程也是海洋产业园区形成的一种模式。龙头企业/核心产业的选择又可分为两种途径：一是外部引进，即通过承接产业转移的方式招商引资——园区提供有吸引力的优惠条件，给予有吸引力的投资环境，吸引龙头企业入驻，这种途径投资少、风险小、见效快、易操作，是国内很多园区采取的办法；

二是内部培育，即通过孵化、催化等方式，实现企业从无到有、从小到大、从大到强，并最终成为龙头带动企业，这一过程往往周期很长，而且投资多、风险大，如果最后取得成功，所带来的效应要远大于外部引进。

第三章　我国现有涉海产业园区发展现状与问题

为更有针对性地提出设立国家海洋产业园区的布局方案政策建议，本章对我国现有各类型涉海产业园区的数量、分布、规模、发展历程进行研究分析，对其功能定位、运行模式、发展情况以及园区对沿海地区海洋产业转型升级的影响等进行总体评价，并从中发现园区的发展问题。

一、我国现有涉海产业园区类型

目前，我国涉海产业园区已基本形成多类型、多层次的格局。根据认定方式、规模和产业特点，将我国涉海产业园区分为涉海国家级产业园区（包括高新区、经济技术开发区、保税港区、新区等）、全国海洋经济发展试点地区、海洋综合经济区、国家科技兴海产业示范基地、海洋特色园区、国家海洋经济发展示范区等类型。

涉海国家级产业园区是指位于沿海城市，出于特定政策性目的，由国务院批准设立的国家级产业园区中涉及海洋产业及海洋相关产业、临港产业的园区。2016 年，我国已有涉海国家级高新区 4 个、涉海国家级经济开发区 27 个、保税港区 7 个、涉海国家级新区 7 个、涉海国家级旅游度假区 4 个。涉海国家级产业园区类型多样，规模较大，所涉及的海洋产业呈现出一定的综合性，也在一定程度上体现出园区设立的政策意义，例如，涉海国家级高新区侧重发展海洋高新技术产业和海洋战略性新兴产业；保税港区侧重发展港口物流、出口加工、转口贸易、离岸服务等外向型海洋产业；涉海国家级旅游度假区以发展滨海旅游业为主。总体而言，涉海国家级产业园区规模大、级别高、产业综合性强，是目前我国涉海产业园区的主体力量。

全国海洋经济发展试点地区是国家站在全局和战略高度而作出的重大部署，是为拓展海洋经济发展空间、转变海洋产业发展方式而在沿海地区开展的试点工作，包括山东、浙江、广东、福建、天津5个省(市)。海洋综合经济区是根据自然和资源条件、经济发展水平、区域比较优势和行政区划对我国海岸带及邻近海域所做的划分，共分为11个具有区域特色的海洋综合经济区。根据海洋产业园区的定义，由于全国海洋经济发展试点地区和海洋综合经济区以省或跨区域为范围，覆盖范围较大，属于宏观层面的规划指导，因此不在本研究的讨论范围内。

国家科技兴海产业示范基地是指符合科技兴海战略、海洋高新技术和海洋战略性新兴产业发展需求，集研发、孵化、生产、交易、培训、服务于一体，对海洋科技成果转化、海洋高新技术产业发展具有示范、支撑和带动作用的企事业(群)或具有鲜明产业特色的区域①。目前，国家海洋局已认定上海临港、福建诏安、江苏大丰、辽宁大连、山东青岛、福建厦门、广州南沙7个国家科技兴海产业示范基地，在海洋新兴产业、海洋高端产业、海洋服务业等方向发挥了先导作用。

海洋特色园区是指依靠市场力量自发形成或在地方政府扶持培育下，以一种或者几种海洋特色优势产业为基础而集聚形成的专业化的产业园区，其最大的特点是产业特色鲜明，具有以“特”制胜的产业优势及较强的市场核心竞争力和市场活力。海洋特色园区规模参差不齐，小至不足1平方千米，大至超过500平方千米，是对高级别、综合性涉海产业园区的有力补充，能够更灵活地适应和应对市场的变化和波动，发挥着促进特色优势产业集聚、创造科技创新溢出效应、推动海洋产业结构转型升级等重要作用。其中，由于统计口径的原因，部分海洋特色园区实际上是位于涉海国家级产业园区中的“园中园”。

国家海洋经济发展示范区是承担海洋经济体制机制创新、海洋产业集

---

① 国家海洋局．国家科技兴海产业示范基地认定和管理办法(试行)，http：//gc. mnr. gov. cn/201806/t20180614_1796441. html.

聚、陆海统筹发展、海洋生态文明建设、海洋权益保护等重大任务的区域性海洋功能平台。2018 年 12 日，国家发展改革委员会和自然资源部联合印发《关于建设海洋经济发展示范区的通知》，支持 10 个设立在市和 4 个设立在园区的海洋经济发展示范区建设。

二、我国涉海产业园区空间分布特点

总体上看，按照涉海产业园区数量、海洋产业规模和发展水平进行划分，我国涉海产业园区在地理上大致呈现“一带三片”的空间分布格局，即沿海岸线的“一带”和北部、东部、南部“三个片区”。沿海各省(市、区)的涉海产业园区的数量与类型构成见图 3-1。

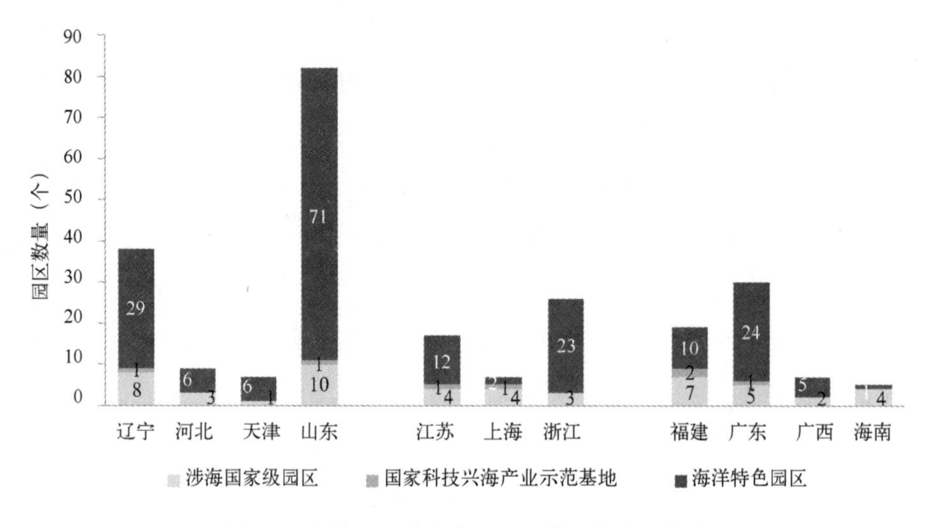

图 3-1　沿海地区涉海产业园区数量与类型构成

北部片区主要包括辽宁、河北、天津和山东，共有 22 个涉海国家级园区，占全国涉海园区总数的 37. 1%，且形成了辽宁、山东“双核心”并重的格局。北部地区涉海园区的产业以船舶制造与海工装备和港口相关产业为主，这一片区海洋产业起步相对较早，发展速度快，相对成熟，产业链相对较为完备，已逐渐形成主导产业的集群化发展。2019 年，北部片区海洋生产总值达 26 360 亿元，占全国的比重达 29. 5%，是我国海洋经济发展和海洋产业园区的“第一方阵”。

东部片区包括江苏、上海和浙江，布局了11个涉海国家级园区，占全国涉海园区总数的27.0%，是我国临港工业、船舶制造与海洋服务业的重要集聚区域。东部片区的特点是发展速度较快且相对平稳均衡，产业发展的外向性较为明显，重点产业较为突出，创新能力较强。2019年，东部片区海洋生产总值达26 570亿元，占全国的比重为29.7%。

南部片区包括福建、广东、广西和海南，共有18个涉海国家级园区，占全国涉海园区总数的26.4%，主要集中于福建、广东两省，是中国涉海产业园区经济活力较强的新兴片区。南部片区的涉海园区起步较晚，规模相对较小，布局也较为分散，所涉及的海洋产业和临港产业结构较为丰富，涵盖了如航运、海工装备、港口物流、滨海旅游等产业，但由于产业特色、主导产业还不够鲜明，产业链缺失，薄弱环节较多，集聚效应仍不明显。若考虑该片区的区位特殊(靠近我国台湾地区、南海)、丰富海洋资源、港口优势及产业、技术创新能力，南部片区海洋产业的发展潜力巨大，2019年该片区的海洋生产总值达36 486亿元，占全国的比重为40.8%，南部片区已成为全国海洋经济发展的第一方阵。

三、我国海洋产业园区发展历程及现状

自1983年设立第一个涉海国家级园区以来，我国海洋产业园区发展经历了五个发展阶段，目前在沿海地区已形成由涉海国家级园区、海洋特色产业园区和其他类型海洋产业园区组成的多层次的海洋产业园区体系，对沿海地区的经济发展、就业稳定、产业结构、科技创新等的贡献进一步增强，成为沿海地区产业园区的主体支撑。

(一)我国涉海产业园区发展历程

我国涉海产业园区的发展与全国经济社会发展步伐及国家级园区发展的进程步调基本一致，与全国经济社会的国内外背景、发展阶段与周期、

经济发展水平、社会总体状况、对外开放合作需要等相适应，其发展历程总体上大致分为五个阶段。

1. 创建探索时期(1983—1991 年)

在改革开放的背景下，1983—1991 年中国开始了工业园区的初创与探索。这一阶段中国成立了 8 个涉海园区，均为经济技术开发区，其中，最早设立的涉海园区是闵行经济技术开发区的临港产业园，于 1983 年建立。这 8 个涉海园区分别位于山东(青岛、烟台、日照)、江苏(南通、连云港)、上海、福建和海南，产业集中于船舶产业、海洋工程产业和临港产业。这批涉海园区规模相对较小，但利用国家的相关优惠政策，完成了起步发展阶段所需要的基础积累，在园区基础建设、项目招商与引进、园区营运体制与机制、管理与服务等方面进行了积极的探索。

2. 高速增长阶段(1992—1996 年)

1992 年邓小平南方谈话后，国内掀起了工业园区建设与发展的高潮，各类不同功能及产业定位的园区迅速增加。这一阶段新成立的涉海国家级园区达 22 个，园区类型更加多样，如保税港区、新区等，一些海洋特色产业园区也开始陆续出现，产业方向和类型也拓展到了海洋产业和临港产业的多个领域。这一阶段的园区规模较大，但引进的单个项目规模相对较小，项目的技术水平也相对较低，存在借“园区圈地”的现象。

3. 调整整合阶段(1997—2004 年)

配合国家经济发展处于调整放缓期，加上在上一轮高速发展的过程中涉海产业园区的发展遇到了各种问题，特别是产业定位偏低、产业结构趋同、自生发展能力较弱、管理体制机制不顺、区域协调协同较差、创新能力缺乏、产业项目招商以优惠政策为主要内容的内耗式竞争等问题尤为突出。因此，在这一阶段，涉海产业园区的发展速度相对放缓，园区项目引进也相对较少，主要是针对解决园区发展中存在的问题，对园区进行相应的调整、整合，消化上一个阶段园区发展留下的问题，提升园区的质量，为下一步园区的发展积蓄新的、积极的能量。

4. 升级优化阶段(2005—2010 年)

2005 年后，我国经济发展步伐持续加快，对外开放合作水平不断提升，各类国家级园区、高新技术园区、海洋特色产业园区等迎来了又一次快速发展的机遇。经过上一轮的调整和升级，我国各类涉海园区的数量进一步增加，园区的规模进一步扩大，发展质量也有明显的提升。其中，沿海地区新设立的国家级园区中涉及海洋产业与临港产业的约 15 个，区域分布上更加均衡，产业布局相对更为合理，产业结构也相对优化，园区的综合竞争力有较大的提高，逐渐成为承接新一轮国际经济调整和产业转移的重要载体，也成为我国海洋产业集聚发展、技术创新、结构调整和转型升级的重要支撑。

5. 深化提升时期(2011 年至今)

实施“十二五”规划以来，海洋产业园区更加注重产业层次的提升、海洋产业结构的调整、集聚效应的增强和布局上的优化。在“海洋强国”“科技兴海”等战略的推动下，我国新设立 5 个涉海国家级园区、7 个科技兴海基地和 8 个国家海洋高技术产业基地，更加注重科技研发、技术创新在海洋高新技术产业尤其是战略性新兴产业上的重要作用，引导海洋产业结构向高端、高效、高附加值升级。

(二)我国涉海产业园区发展情况

通过总结我国各类型涉海产业园区的规模、产业结构、分布特点等，可以看出目前我国涉海产业园区在海洋产业发展、海洋经济转型、海洋科技创新等方面发挥出了重要作用(见表 3-1)。主要表现在以下几点。

(1)规模上，我国涉海产业园区已成为沿海地区产业园区的主体，对区域经济的贡献率进一步增强

经初步统计，从 1983 年第一个涉海国家级园区成立至今，我国沿海地区的涉海国家级产业园区约 51 个，总面积达近 16 000 平方千米，占沿海地区国家级园区总数的近一半；此外，设立科技兴海基地 7 个，海洋特色

园区近200个，规模超过20 000平方千米，展现出了较强的经济拉动能力和市场活力。可以说，涉海产业园区已经成为沿海地区各类园区的主体支撑，且以其对海洋经济和就业日益增强的贡献率，成为拉动区域经济发展的有力引擎。2015年，主要沿海地区海洋生产总值占沿海地区生产总值的比重近15%，涉海就业规模达3589万人，海洋产业及临港产业已成为沿海地区的优势产业。

表3–1　我国各类型涉海产业园区情况①

类型		数量（个）	规模（平方千米）	管理部门	重点产业	特点	分布情况
涉海国家级园区	涉海国家级高新区	4	15~70	科技部	海洋生物医药产业、海洋高新技术产业、海洋工程产业	级别高、规模大，产业综合性强	“三片”：划分为北、东、南三片
	涉海国家级经济开发区	27	10~400	商务部	船舶制造业、海洋工程装备制造业、港口物流、临港工业		
	保税港区	7	7~10	海关总署	国际航运、保税物流、转口贸易、出口加工、离岸服务		
	涉海国家级新区	7	800~2300	国家发展改革委	港航物流、临港工业、高端海洋装备制造业、水产品精深加工业		
	涉海国家级旅游度假区	4	10~120	国家旅游局	滨海旅游业		
	其他	2					

① 表中数据和信息以2018年1月之前公布内容整理而成。

续表

类型	数量（个）	规模（平方千米）	管理部门	重点产业	特点	分布情况
国家科技兴海产业示范基地	7	—	国家海洋局	海洋生物医药产业、海洋高端工程装备制造业、现代海洋服务业、海洋新能源	对海洋科技成果转化、海洋高新技术产业发展具有示范、支撑和带动作用	上海、福建、江苏、辽宁、山东、广东
海洋特色园区	近200	规模参差	地方海洋与渔业管理部门	海洋传统产业、海洋新兴产业、海洋服务业均有涉及	产业特色鲜明，灵活性高，市场活力强	“一带”：沿海岸线呈带状分布

（2）结构上，我国涉海产业园区结构趋于合理，成为我国海洋经济转型的载体和先导力量

经过30余年的探索、发展和调整，我国涉海产业园区已基本形成多级别、多类型、多元产业结构的格局。早期设立的涉海国家级产业园区以海洋传统产业园区为主，通过政策、土地、资金等扶植手段大力发展临港重化工业、船舶制造业等，数量多且规模较大，所涉产业的结构比较单一，发展至今，这些传统产业园区也面临着艰巨的转型任务。随着我国海洋强国战略的实施及各省海洋产业规划的实施推进，目前我国涉海产业园区的构成更加多元、合理和协调，海洋新兴产业园区、海洋服务业园区蓬勃发展，也出现了为数众多的产业特色鲜明、市场活力强、适应性好的海洋特色园区。总体来说，沿海涉海园区所涉及的产业向新兴化、高端化、高附加值化结构转变，且地域分布更加协调，已形成一些基于比较优势、区域特色鲜明的海洋产业集群，如辽宁、山东等地实现船舶制造和海工装备产业集群式发展，天津等地正大力发展海洋高新技术，上海和深圳则探索建设全球海洋中心城市等。

(3)发展方式上，我国涉海产业园区创新能力进一步增强，逐渐向创新驱动模式转变

经过各阶段的发展和调整，在海洋强国和科技兴海战略的带动下，我国涉海产业园区已逐渐从土地和资本驱动的发展模式转变为创新驱动的模式，园区创新生态体系日趋完善，研发投入比重大大提高，各创新主体之间的合作、交流与互动程度高，产学研合作建设成效显著，科技成果转化能力和自主创新能力显著增强，成为引领海洋高新技术产业发展的重要力量。

(4)产业环境上，我国涉海产业园区发展环境日趋完善

为更好地利用和发展海洋资源条件，发挥海洋产业园区引导要素集聚、推进海洋经济转型的作用，我国逐步完善了涉海产业园区的基础设施和配套条件，并在投融资、人才、科技创新、企业服务等方面提供了有力的支撑和保障，创造了日趋完善的发展环境，使各类有利于海洋经济发展的要素更好地发挥集聚效应，也为提高我国涉海产业园区竞争力、打造世界级海洋产业集群奠定了坚实的基础。

四、我国海洋产业园区发展存在的主要问题

虽然在过去的30年里，我国涉海产业园区建设取得了一定的成就，在产业结构和区域分布上都初具格局，但产业发展集聚效应弱、统筹规划和顶层设计缺失等问题也在困扰着海洋产业园区进一步的发展和优化。

(一)产业发展的集聚效应不明显，核心竞争力不够强

各地区海洋产业的关联和协同关系较弱，未能真正形成产业之间的网络关系，从产业链、价值链的角度看，我国海洋产业以资源开发和初级产品生产为主，产品附加值低，产业总体处于价值链底端，产业链短，国产化配套率低。如我国海工产业主要以中低端产品为主，高端海工装备设

计、制造一直为欧美国家垄断，建造主流、高端海工装备所需的核心技术、关键设备、主要部件必须依赖进口。目前，我国高端海工产品的设备配套价值仅占产品总价不足10%，韩国为40%，欧美国家则超过70%。不少海工装备企业自主设计能力非常薄弱，不具备高端产品的设计能力，设计、技术受制于人的问题突出。

（二）产业结构趋同，区域之间、不同园区之间产品同质化竞争

与世界上海洋产业大国、强国相比，我国海洋产业发展起步较晚，起点相对较低，加之受制于现有的产业基础和技术，全国涉海园区的产业较多地集中于临港石化、船舶制造、海洋装备制造、海上运输、水产品加工等传统产业，许多港口所在城市的园区都以建设国际航运中心为目标，高新技术产业尤其是战略性新兴产业较少，支柱产业、主导产业规模不大，产业链短，关联度低，带动能力弱，且不够灵活，难以适应市场的变化和波动。

（三）地区间园区发展缺乏统筹规划和顶层设计

目前，各地产业园区内部产业大多较为分散，园区发展缺乏统筹规划和顶层设计，存在各自为政的生产经营模式现状，如海域综合管理示范区、科技产业园区等园区交错布局，造成资源消耗大、环境污染重、竞争能力弱、生产效率低等问题。

（四）配套体系尚未形成，产业发展环境有待完善

大多数产业园区发展产业集群，只注重发展核心产业本身，园区道路交通、物流、水电配套、金融、研发、营销、广告等外围服务业发展严重滞后，整个集群发展服务的基础设施不完善，园区内的交易成本依旧较高，降低了产品竞争优势。

（五）国内外技术交流渠道少

诸多海洋产业园区目前并没有形成供国内外专家、学者和企业公司进行技术交流沟通的平台或论坛，园区内也未建立相关信息资源库，使得入园的各个研究机构和企业之间缺乏必要的信息流通，缺少信息资源共享和信息交流的平台。

第四章　国内外先进海洋产业园区发展概况与经验启示

21 世纪是海洋世纪，发展海洋经济是世界强国面向未来的战略性竞争领域，提升综合国力、保障国家安全、建设世界强国的必由之路。我国“十二五”规划和“十三五”规划中已明确提出要坚持陆海统筹，制定和实施海洋发展战略，推进海洋经济发展。“十四五”规划则鲜明地提出：“建设一批高质量海洋经济发展示范区和特色化海洋产业集群，全面提高北部、东部和南部三大海洋经济圈发展水平”。本章分别介绍国内外海洋相关的产业区，以及在发展海洋产业中有悠久历史的海洋大国，通过叙述概况、分析发展模式与政策，归纳出发展经验，以供学习和借鉴。

一、国内先进海洋产业园区发展经验

上海临港产业区、深圳前海海洋金融中心和天津临港经济区是我国发展较好的海洋产业园区。上海临港产业区拥有得天独厚的码头投资，园区内又规划数个子园区，依照不同功能进行划分，在市政府及区政府积极领导下，开发建设取得显著成效，财政金融、土地、产业政策有着亮眼的发展。深圳前海海洋金融中心拥有紧邻香港的区位优势，对建设粤港澳大湾区有着至关重要的作用，深圳为改革开放的前沿，前海又是其经济发展要地，推行金融中心及海洋相关产业可拥有诸多基础优势。天津在发展海洋工程方面已有深厚的产业基础，临港经济区将原本的工业区与产业区整合，合理规划空间布局，定位为国家级重型装备制造基地、生态型临港工业区，工业与生态兼容并蓄，掌握全球趋势。

(一) 上海临港产业区

1. 基本概况

上海临港产业区位于上海市东南角，地处长江口和杭州湾的交汇处，距上海市中心 75 千米，并由海港、空港、铁路、公路、内河“五龙汇聚”的交通网络接入长三角交通网，辐射全国乃至世界(图 4-1)。同时，临港地区拥有 13 千米长的海岸线，具有得天独厚的码头资源。上海临港产业区定位于建设成集先进重大装备、民用航空制造、现代物流、海洋科技、研发服务、出口加工、教育培训等功能于一体的国家新型工业化产业示范基地。

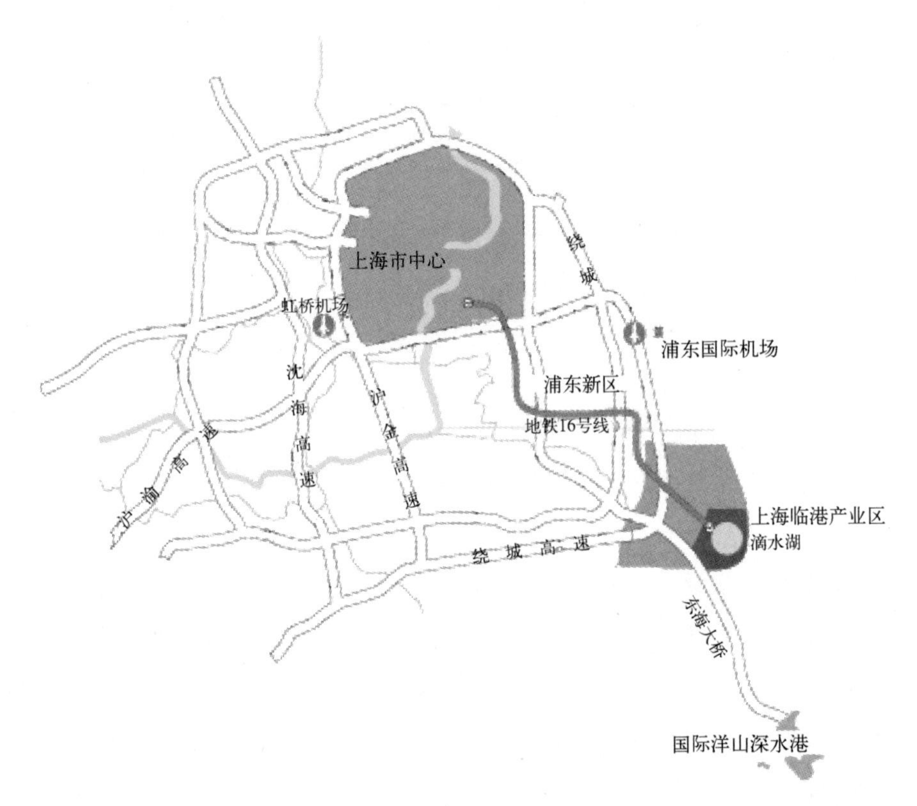

图 4-1　上海临港产业区位置示意

开发建设上海临港产业区是上海市委、市政府着眼于提升产业能级，培育新的经济增长极，提高城市国际竞争力作出的一项重大战略决策，同时也被列为上海国际金融中心和航运中心建设和上海市海洋发展“十二五”规划的重要组成部分。2010 年，临港产业区获得国家工信部“国家新型工业化产业示范基地”(装备产业、航空产业)两块授牌。2011 年，上海临港海洋高新技术产业化基地被国家海洋局认定为国内首家“国家科技兴海产业示范基地”。2013 年，中国(上海)自由贸易试验区在上海临港产业区设立。

2. 园区发展模式

上海临港产业区面积 247 平方千米，主要由装备产业区、物流园区(包括洋山保税港陆域部分)、中国(上海)自由贸易试验区、综合产业园区、主产业区以及临港奉贤分区等功能区域组成。此外，南汇新城为临港城市综合功能服务区，呈现出“一湖三环”的城市发展格局(图 4-2)。

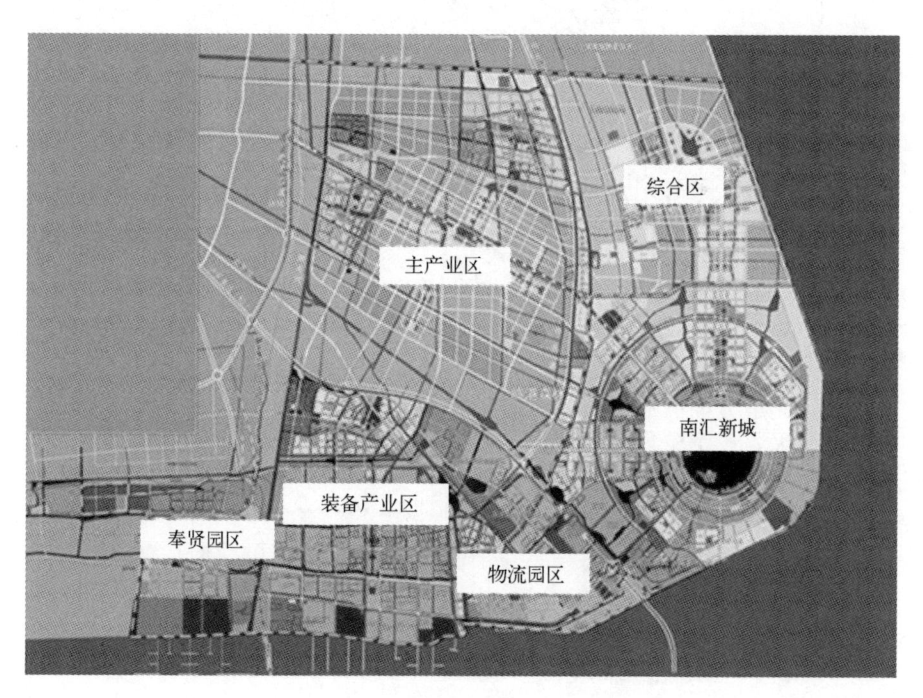

图 4-2　上海临港产业区规划示意

主产业区规划面积 108 平方千米，主要聚焦发展民用航空、新能源等战略性新兴产业和生产性服务业。

南汇新城规划面积 68 平方千米，以金融、贸易、商业、会展、航运、教育、科研、旅游为特色，增强了城市配套功能对产业发展的支撑及承载能力。其中，全国首家“国家科技兴海产业示范基地”上海临港海洋高新技术产业化基地即位于南汇新城的主城区内，占地总面积约 6.2 平方千米，其中用于产业化为 3.2 平方千米。根据浦东新区海洋发展规划，示范区应大力推进上海临港海洋高新技术产业化基地建设，以发展海洋高新技术产业为导向，重点推进海水综合利用、海洋生物、海洋基因、海洋新能源等海洋资源开发利用，海洋检测监测、深海探测、海洋电子信息等海洋工程设备研发以及航运综合信息、海洋安全、海洋技术等海洋服务业，成为现代化、多功能、综合性的海洋高新科技集聚区、海洋科技创新区和海洋科技人才培养区，促进要素集聚向产业集聚转变，通过国内培育和国际合作，打造一个“海洋硅谷”。

重装备区规划面积 65 平方千米，重点发展以“高、新、先”为特色的高端制造业和战略性新兴产业。现已基本形成了汽车整车及零部件、大型船舶关键件、发电及输变电设备、海洋工程设备和航空零部件配套五大装备产业制造基地。其中，在船舶关键件制造方面，中船三井项目、中船重工瓦锡兰项目、沃尔沃遍达项目覆盖了低、中、高速全系列船用发动机，各类船用设备配套企业开始集聚，掌握多项船舶配套设备技术，有力地改变了我国船舶制造“中国壳、外国心”“船等机、机等轴”的旧局面。在海洋工程设备制造方面，中船集团具有世界一流的大型海洋工程与船舶制造专业配套基地，其中专用产业码头 2 座，年产海洋工程平台 4 座，海洋工程生活模块或船用生活模块 30 个(最多可建造 50 个)。超深水半潜式平台是国际上第六代深水钻井平台，是我国第一座完全智能化的深水特大型钻井装备。

综合区规划面积 41 平方千米，主要发展以研发为主的生产性服务业和轻型制造业，包括电子通信、信息技术、光电子、机电设备以及航空配套等产业。

奉贤园区规划面积17平方千米，旨在实现临港装备制造产业与现代物流业的联动发展，促进高端装备制造、综合物流和配套服务一体化运营，打造现代化综合性园区，为进一步提升装备产业和供应链能级提供新的发展空间。

物流园区规划面积16平方千米，依托洋山保税港和浦东国际航空港，合力打造成为产业及港口物流、特别种类物流协调的综合性物流枢纽站，大力建设上海国际航运中心。

3. 国家扶持政策

自2003年启动园区建设以来，在上海市委市政府、区委区政府的正确领导下，始终坚持产业开发、基础设施、城镇建设、生态环境、产城融合"五位一体"全面发展，开发建设取得显著成效。到2016年，累计完成固定资产投资1370亿元(产业投资近1000亿元)，引进产业项目230多个，工业总产值保持45%的年均增幅，税收收入保持22%以上的年均增幅，形成了新能源装备、汽车整车及零部件、船舶关键件、海洋工程、工程机械、民用航空和战略性新兴产业的"6+1"产业格局，海洋工程半潜式钻井平台等一批高端产品和核心技术填补了国内空白，实现了重大突破。

4. 可借鉴的发展经验

上海市在临港产业区实施"双特政策"(特别机制和实行特殊政策)，并出台30条细则，重点关注四个方面的内容：一是产业功能的集聚，重点扶持高端制造业发展，提供资金、金融等支持；对现代服务业、生活服务业的发展也同步予以扶持。二是人才引进方面，加强了对人才户籍政策的倾斜及奖励，并提供住房和养老保障等优惠政策。三是土地成本方面，临港将通过30条实施细则，确保临港地区打造上海土地成本洼地，同时注重绿化平衡。四是综合配套环境方面，将通过完善地铁短驳公交、规划有轨电车，为中高端人才提供子女入学和本人就医的绿色通道等，加快完善临港地区生活配套设施，实现产城融合。

(1)财政金融

首先加大资金的支持力度，特别是在专项发展上，应扩大其规模，并且拓展资金的发展用途。其次加强招商引资及创新投融资策略，吸引优秀企业及资金的进入。对于园区开发所需的周期长、资金要求量大等问题，积极创新金融工具，扩大融资渠道。

(2)人才政策

编制人才引进规划，对不同类别的人才在落户、申请及办理居住证时给予政策上的支持。完善居住政策，鼓励人才及就业人员稳定居住。

(3)土地政策

在土地政策上，推行工业用地可弹性出让，对于工业用地项目，可探索带方案出让。对于规划为建设用的滩涂用地，可优先转为产业用地。

(4)相关服务政策

加强基础设施与生活配套措施，如交通、教育、医疗、文化及商业等的建设，并降低基础设施的使用成本。若有与临港产业相关的活动，如会展及旅游等，积极争取安排在临港地区举办。[①]

(二)深圳前海国家海洋金融中心

1. 基本概况

(1)前海概况

“21世纪海上丝绸之路”是我国对外经贸格局战略调整的延伸和体现，也是发展海洋经济的重要契机，在这一过程中，前海将发挥战略性平台的作用。

前海位于深圳南山半岛西部，总占地面积约18.04平方千米，人口约15万，周遭即为香港国际机场及深圳机场，深圳—中山跨江通道、深圳西站，高速公路贯穿其中。其不仅位于珠三角湾区的核心位置，而且地处香

---

① 上海市人民政府．临港地区中长期发展规划．沪府发〔2013〕30号．上海：上海市人民政府，2013-04-17.

港、深圳、广州三城市的核心位置，对于港珠澳大湾区起着十分关键的作用(图4-3)。

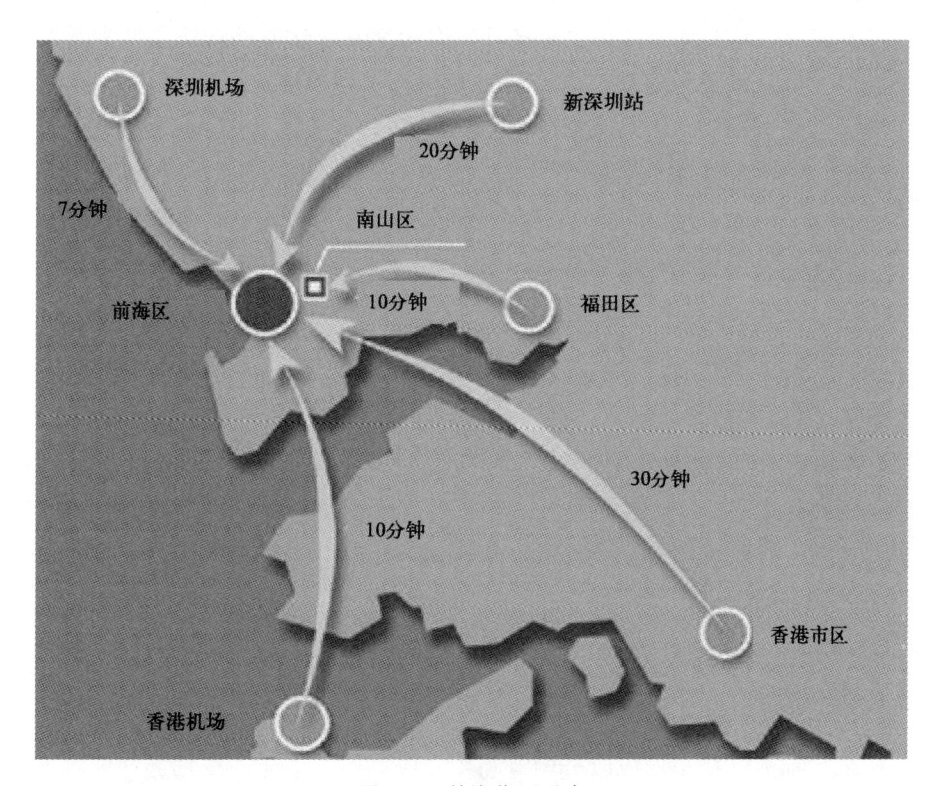

图4-3　前海位置示意

深圳前海南临南海和东南亚各国，并连接港澳地区，是亚太地区东南亚海洋经济圈的中心地带，因为处于改革开放的前沿，在经济、科技、社会方面都拥有较高的发展水平，使中国发展海洋经济时有着基础的优势，特别是在资源开发、海工装备制造、海洋金融及服务等方面。

前海是深圳经济发展要地，特区中的特区，被誉为未来中国的“曼哈顿”。按国家战略部署，其功能定位为：深港合作先导区、体制机制创新区、现代服务业集聚区、结构调整引领区，创新金融将是其重点发展的领域之一，按深圳市政府的设想，新前海将引领深圳未来30年的发展。

(2)产业布局

以整个珠三角地区的海洋油气、科研教育管理服务业为产业的基础，前海为轴心，把香港在内的泛珠三角海洋金融、相关服务及资源整合起来，相互协调发展。在海洋产业方面与东南亚周边国家互相沟通，推进优势产业。以科技创新为前提，金融为核心驱动力，把海洋经济全产业链的高端海洋金融和服务业推广到泛珠三角，甚至到整个亚太地区，打造"三大海洋金融与高端服务产业集群"体系，即海洋服务业集群(包括海洋油气服务业、海洋装备技术服务业、航运服务业、海洋油气能源服务业)、海洋科技产业集群、海洋金融业集群，以及海洋信息服务业、总部服务业等配套服务产业，相互发展为高度集群的产业格局。

"精明集聚"为产业集聚的核心理念，目标是打造前海海洋金融及高端服务产业的生态系统，期望吸引一批具有吸引力且有强大带动性的产业龙头企业进驻，大力培养及扶持其他相关的中小型企业，带领产业沿着产业链、集群、网络这一发展路径逐步完善。增强海洋金融及高端服务业的整体竞争力，将深圳前海海洋金融中心建设为产业聚集、充满朝气及特色的亚太海洋金融中心。

2. 园区发展模式

(1)海洋金融中心

深圳前海已初步形成以金融业为主，以创新、多元、高端为产业发展的首要目标。目前，股权交易所等多家重大要素平台向周围地区发挥了辐射的作用，推出许多新措施，为"海上丝绸之路"的建设和海洋产业的发展提供新活力。

深圳前海海洋金融中心期望通过政策创新、产业集聚、平台建设、国际合作等方式，利用各方的资源来推动深圳成为亚太海洋经济中心，最终目标是成为亚太海洋金融中心。海洋金融中心可以带动诸多海洋相关产业的高速发展，如海洋产业、金融及科技，南海资源的开发等。

深圳前海将努力推动跨境投资相关业务，为中资企业及外资企业带来更多的便利，以利于前海地区的企业进行跨国投资；重点打造现代金融服务经济圈，发展高端涉海金融服务，整合国内外的资源与优势，打造物流、贸易、金融一体化的运作平台；加快涉海金融中心的建设，改善涉海融资的保险结构，推进金融保险创新，优化生态环境，为海洋产业发展提供更全面的服务，以便将前海打造成为支撑“海上丝绸之路”的后方基地。

(2)“三区两带”

“三区”是指桂湾片区、荔湾片区和妈湾片区，三个片区的产业发展各有侧重：桂湾片区主要发展金融相关产业，为核心商务区，预计规划一系列的标志性超高建筑群来统领前海湾区，展示整体城市形象，打造深圳滨海城市中心的新地标；荔湾片区主要发展科技及信息服务等生产性服务业，为复合型的综合开发区；妈湾片区则是发展现代物流产业，建设为具有区域生产组织中枢及国际供应链管理中心功能的保税港片区[10]。

桂湾片区——商务中心片区：桂湾片区位于滨海大道以北，双界河以南，重点发展金融、贸易、会计、法律等现代化服务业，规划为深港都会形象的核心区，期望吸引企业集聚。商务重点项目有国际金融中心、人民银行结算中心、前海法律大厦、动漫影视媒体创作基地、深港科技创新服务枢纽中心、国际环境能源交易所、国际商品期货交易所、国际电子展示交易中心等。

荔湾片区——综合发展片区：荔湾片区为综合性开发区，位于铲湾路以北、海滨以南，为商务中心和保税港片区的功能拓展，与桂湾区及妈湾区协调发展，实现集聚能力强的综合性产业发展区。

妈湾片区——保税港片区：妈湾片区位于铲湾路南边，面积约为3.7平方千米，依靠着海湾保税港区，现代物流、供应链管理、创新金融等服务业为主要发展项目。虽然园区面积小，但其产出却相当惊人，主要业务包括一般贸易、转口贸易、国际中转等，服务范围从全国乃至整个亚太地区，在全球商贸物流和现代服务业中有着重要的影响力。

“两带”是指滨海休闲带和综合功能发展带。滨海休闲带地处听海路西边的滨海地区，与三大片区相连接，主要推行高品质的滨海公共活动，将文化、休闲、生态景观及公共服务等集为一体。综合功能发展带主要以轨道交通为依托，重点展示交易等综合性功能。在空间规划中构建生态体系，强调环境保护，滨海水岸与滨海长廊的相互结合，以及公众文化和水岸活动串联，让民众亲近滨海生活，休闲舒适。

(3)发展条件

前海是深港现代服务业合作区，基于深港两地的经济基础共同发展，具备了建设海洋金融中心独特的竞争优势条件。

①深港具备雄厚的金融产业基础。2019 年，深圳金融业总体呈现稳中有进、稳中向好的发展态势。综合实力稳步提高。2019 年，深圳金融业实现增加值 3667.63 亿元，同比增长 9.1%，占同期全市生产总值的 13.6%，仅次于北京、上海，居全国第三。在 2019 年 9 月最新一期“全球金融中心指数”(GFCI)中，深圳进入全球十大金融中心行列，居全球第九位，国内仅次于香港(第 3)、上海(第 5)和北京(第 7)。银行领域：银行机构各项财务指标平稳运行，资产余额、存贷款规模稳居全国大中城市第三。证券领域：全年 22 家证券公司总资产 1.71 万亿元，营业收入 841.89 亿元，均位列全国第一，净资产、净利润、净资本均居全国第二。境内上市公司 299 家，居各省市第六；上市公司总市值 7.05 万亿，全国第二。保险领域：共有保险法人机构 27 家、分公司 77 家、中介机构 128 家，机构密度居于全国全列；2019 年，全市保险市场实现保费收入 1384.47 亿元，增速较全国高 4. 02%。

②前海拥有战略性区位优势。深港范围：前海地区位于珠江口东岸、深圳蛇口半岛西侧，与香港隔海相望。借鉴英国伦敦、挪威奥斯陆及新加坡海洋金融中心的发展经验，依靠湾区来打造海洋金融中心是重要的发展条件之一，而深圳为香港和内地的关键联络桥梁，具有十分重要的战略地位。珠三角范围：前海位于珠三角的核心位置，在深圳的未来发展中处于重要地位，其靠近香港及深圳两大机场以及跨江通道，还有高速公路通过，战略地位十分重要。

③前海具有更加包容、开放的软环境优势。作为改革开放后第一个设立的经济特区，深圳如今已发展为在国际有相当大影响力的城市，是中国经济最发达的城市之一，2019 年经济总量居全国地市级首位。在经济及城市化快速发展下，深圳具有比其他城市更加开放、包容的软环境。

3. 国家扶持政策

党和国家对深圳地区给予许多政策优惠，又提出了更高的目标要求。党的第十八届三中全会提出，要扩大对港澳台地区的开放合作，在《珠江三角洲地区改革发展规划纲要(2008—2020年)》《粤港合作框架协议(2010年)》等文本中也明确提出要加强深圳与香港的合作关系，打造前海现代服务示范区。合作模式由单向的方式转变为更加全方面、深层次、广渠道的方式，加强深港在海洋金融与高端服务的合作关系，向香港积极学习配套设施、专业人才等相关管理经验。

《珠江三角洲地区改革发展规划纲要(2008—2020年)》《深圳市综合配套改革总体方案(2009年)》等文本均要求深圳前海先试先行。目前，可以享受在金融服务业、法制、财税、人才、教育医疗、电信六个方面的22条政策优惠。

22条优惠政策中，金融创新方面便占8条，主要是支持前海地区在金融改革创新的先行先试，建设金融业对外开放的示范窗口，包括支持前海构建跨境人民币业务创新试验区，探索试点跨境贷款，在《内地与香港关于建立更紧密经贸关系的安排》框架下适当降低香港金融企业的准入条件等。

财税政策方面：支持在国家税制改革框架下，发挥前海在探索现代服务业税收体制改革中的先行先试作用，内容包括对前海符合产业准入目录及优惠目录的企业减免按15%的税率征收的企业所得税等。

法制政策方面：支持前海营造适合服务业开放发展的法律环境，内容包括探索香港仲裁机构在前海设立分支机构等。人才政策、教育医疗和电信方面也分别推出了相关内容。

4. 可借鉴的发展经验

(1)构建全产业链金融与高端服务产业

前海海洋金融中心将充分挖掘泛珠三角乃至亚太区域内海洋油气业、海洋工程装备制造业以及航运业各产业链条上关键环节的金融与专业服务需求，并针对这些需求进行海洋金融产品与衍生品创新研发、提供“一揽子”专业服务解决方案，构造、完善并不断充实海洋金融与高端服务产业链。其中，金融作为撬动海洋产业各环节的关键性杠杆，是前海海洋金融中心产业体系的内核，以银行、证券、保险、信托、融资租赁公司等金融与非金融机构为代表的金融服务组织及其海洋金融产品与服务贯穿于三大主力产业的必要环节。

(2)龙头企业带动产业集聚

以产业集聚度、关联度与成长性为选择标准，前海海洋金融中心将通过引进国内外在油气服务业、装备技术服务业与航运服务业上的龙头企业、机构和重大项目入驻，促进生产要素与资本的优化集聚，首先发挥主力产业中龙头企业竞争力强、优势明显、带动性强的特征和“投资磁吸”效应，吸引一大批高产业关联度企业入驻；其次不断完善支撑服务业，以优质投资与配套环境吸引新龙头企业与项目入驻，形成“龙头带配套”“配套引龙头”的良性产业集聚格局。

(3)平台助推网络化产业集群

为了打造前海良性的海洋金融及高端服务业产业生态系统，规划在前海构建完备的海洋高端服务业平台系统。并借此推动实现主力产业与支撑产业之间的模块化、网络化高度便捷的关联与协作。建设并逐步完善包括海洋产品与服务交易平台、海洋科技创新服务平台、海洋信息服务平台、中介组织平台、运营管理平台在内的平台系统；这五大平台通过将市场交易平台、物流平台、信息服务平台、中介组织平台、科技创新平台、市场管理平台有机统合在一起，将逐渐形成三大平台集聚优势。

一是外部经济效应。高度分工和专业化的平台之间密切协作、协同创新，从而提高整个产业生态系统的生产效率，获得外部规模经济。

二是空间交易成本节约。以信息技术为基础的平台服务的运输成本、信息成本、寻找成本以及合约的谈判成本与执行成本显著下降，处于同一竞合系统中的企业联盟合作效率更高。

三是学习与创新效应。平台系统为创新的集成和扩散提供最优空间尺度，加速新信息和新知识的创造和传播进程。通过该平台系统，前海地区的商流、物流、信息流、资金流、知识流在充分互动与传播的基础上，实现“节点—流—网”的产业协作格局，不断增强资源集聚效应、分工与协作效应、区域集聚效应和资源共享效应，提高产业竞争力和抗风险能力，实现前海海洋金融中心内部的“精明集聚”。

（三）天津临港经济区

1. 基本概况

天津市在海洋工程装备产业方面兼备深厚的产业基础、临海的禀赋优势、综合全面的区域驱动要素体系，发展潜力巨大、发展前景广阔，其海洋工程承包服务、海工装备制造领域都在全国前列，研发的相关钻井平台及建造能力均达到国际先进水平。

天津临港经济区成立于 2003 年 6 月，在 2010 年才正式将原本的临港工业区和临港产业区整合为一个功能区，统一称为“临港经济区”。临港经济区地处海河入海口南侧，在滨海新区的核心地区，离塘沽城区 15 千米、天津市区 50 千米，拥有发达的交通网络，距离天津滨海国际机场也仅 38 千米。

天津临港经济区的功能定位为国家级的重型装备制造和生态型的临港工业区，空间布局主要呈现“一带三区”，其中，“一带”为沿海滨大道综合功能带，集合区域交通、生态绿地以及生活配套措施等，“三区”为配套产品区、成套装备区以及关键装备区。产业发展的方向以重型、成套装备制造为主，关键设备和配套产品为辅，完善研发装备及现代物流，形成重型装备产业集群[11]。

2. 园区发展模式

天津临港经济区是滨海新区的重要功能板块，地处改革开放的前沿、创新发展的高地、京津大工业基地的核心区域，肩负着支撑海洋经济开发和发展高端制造业的双重历史使命。目前，临港经济区基本形成了海洋工程装备、重型设备、智能装备、粮油加工、新型能源、现代物流六大产业集群蓬勃发展的局面。

发展较为强劲的是高端装备制造业，其中又以海洋工程装备产业为代表。从结构上看，海工装备产业已聚集成一定的规模，通过产业发展初期的聚集期，成功进入要求质量及规模扩张的中期阶段，完成海工装备的跨越式增长。究其成因，主要是临港经济区具有得天独厚的发展条件，区位优势、用地优势、港口优势、交通优势、机遇优势明显，按照市委市政府的决策部署，依托区域资源优势，紧紧抓住当前“五大战略”叠加的有利契机，为了实现机制的创新、创新技术的突破，把产业集聚以及海工装备制造领导园区作为目标，集合多方的力量，努力形成“1+1+1+N”的创新发展模式(即一个明确的发展目标、一个驱动要素完备的发展载体、一批龙头企业集聚的产业集群、多个产业发展的创新支撑平台)[12]。

临港海洋产业“1+1+1+N”创新模式的主要特点有以下几点。

一是产业发展目标明确。综合分析国内外海工装备制造产业发展的时代背景、发展格局和发展态势，我们深刻认识到，在全球资源供给长期偏紧的压力下，加快海洋资源开发、着力推动海工产业发展将是世界各强国的长期战略。按照产业链、价值链、技术链、供应链的经济、技术规律，结合不同地域的资源、经济、社会条件，按照比较优势原则，形成专业化、集群化的产业体系将是海工产业发展的基本模式。伴随海工装备在不断向深水化、大型化、专业化、智能化、绿色化、安全化迈进，全球海工产业形成了阶梯形的产业分工格局，各阶梯之间既存在着激烈的竞争，也存在着密切的经济、技术、产品联系，在全球化的开放体系中，后来者既面临巨大的竞争压力，也拥有通过集聚发展、主动创新、持续升级，上升到高阶梯的机会和可能。随着海上大庆的建成，在“海洋强国”战略的引导下，我国以海洋油气资源为主体的海洋资源开发将日益走向深海和全球大洋，海工产业必将成为未来大有希望的支柱产业。京津地区具备发展海工产业的综合条件，有能力支撑临港经济区发展成为我国乃至世界级的海工产业基地。总体看，在国内外海洋开发形势、海工产业发展态势和海工产业本身的经济技术规律等各种因素的相互交织中，临港经济区海洋工程装备产业的

“换挡提速”“换版升级”面临着极为有利的、相对长期的战略性机遇。

围绕中期发展目标，以“适应新形势、对接国家战略、强化顶层设计、突出创新引领、集聚跨越发展”为思路，以加快推进海工装备产业发展战略规划体系的制定为先导，自2014年开始，按照全市和新区的统一部署，临港经济区先后制定了《天津临港经济区产业发展战略规划》《天津临港经济区促进海洋经济发展实施意见》《临港经济区装备制造业发展规划(总报告)》《天津临港经济区海洋工程装备制造产业发展规划(2015—2020年)》《天津临港经济区落实京津冀协同发展战略三年行动方案(2015—2017年)》，并认真组织实施，建立了全员目标责任制度、落实重点建设任务制度、项目联动制度和动态督办机制，实现了制定目标、完成目标的“双落实”。

在新时期海洋发展规划中，更是强调临港经济区的海工装备制造产业的集聚发展和创新发展，通过组织“智库”，采用SWOT、GE矩阵、SCP等科学方法深入研究分析，提出了明确的发展方向、任务和途径，建立了全层级的指标体系，并且在“互联网+”的基础上，形成了以海工成套装备为核心，基础的零部件为支撑，全链服务为特色的完整产业体系，让海工装备生产性服务产业可以实现创新性的发展。

二是注重建设全要素驱动的发展载体。海洋工程装备产业既是需要临海靠港布局的产业，更是复杂、庞大的技术体系、产品体系、服务体系的集合。海工产业的发展需要通过点上功能完善的载体建设，整合线上及面上的驱动要素，形成有利于海工产业发展的聚焦动力。其发展不仅依赖布局点上的有利条件，更依赖于生产基地周边广大腹地乃至整个区域技术能力、产业配套能力以及市场、劳动力、资源等条件和政策扶持等多种要素的聚合驱动。综合分析临港海工产业的实际，除了岸线、土地、海域资源优势外，今后发展最大的独有优势是京津腹地庞大的、有待整合、深度利用的资本、科技、配套产业等。随着京津冀协同发展、自贸区建设、自主创新区建设等战略的实施，临港经济区作为京津高端装备制造和海洋经济发展的重要基地，在全国乃至全球的战略地位将显著提升。

三是一批龙头企业集聚的产业集群。伴随着经济全球化和产业分工的日益深化，产业集群作为一种高效的产业发展和组织形式，已经成为推动区域经济发展的有效模式。对海工产业特点进行深入分析后可以看出：海工产业资本密集、多系统集成、产业集中度高；产业内各板块发展并不是平均分布，市场格局以海洋油气开发装备为主导；研发设计、生产制造、后续服务上中下游链条式融合发展成为主流态势；范围经济突出、集群抱团发展模式成为主要特征。由此可见，临港海工装备产业发展应在港口、工业一体化模式的基础上，以海工装备制造、海工装备高端配套和海工装备服务为主导方向进行产业集聚，形成集群发展。

四是搭建多功能产业发展创新平台。发展海工装备产业不仅仅是单纯的技术创新，需要经过社会、经济以及科技的融合，加上资金、设计、人力等多方面资源在市场机制和政策调控下所完成。因为创新驱动力使海工装备产业可以持续发展，有能力在国内外市场获得竞争优势，对于产业生态环境来说，协调发展多功能平台有助于产业的内生发展。在多方面的优势资源整合及利用下，搭建海工装备制造的创新平台有助于积极拓展产业间的融合和发展模式。

3. 国家政策扶持

天津市委市政府将临港定位为“建设中国北方以装备制造为主导的生态型临港经济区”，特别对临港海洋工程装备产业的发展寄予厚望，是对临港经济区未来发展的科学估量和精准把握。2015 年，《京津冀协同发展规划纲要》中明确提出“在天津临港经济区建设高端装备制造产业基地”，更加提升了临港海工装备产业的发展能级[12]。

4. 可借鉴的发展经验

(1)合理规划空间布局

在坚持港口和工业一体化的定位基础上，按照集约合理利用土地、岸线资源，有利于构建产业链形成产业聚集的原则，临港经济区因地制宜，预留了足够的海工产业发展公共岸线，将最适宜的优质岸线资源提供给海工龙头领军企业。规划岸线总长 88 千米，其中海工装备制造产业规划岸线 13 千米，公共岸线资源严格控制在 60%以上。同时，提出了采用多种合作经营形式的要求，以便在企业非高峰利用期间提供公共服务，从而挖掘、释放港口潜力，集约利用港口资源，使岸线利用集约度达到最大化。

(2)坚持龙头项目带动，促进产业集群发展

不同规模的企业在技术、资源与经济间有联系，在限定的空间范围有着密集的集中程度，形成产业集聚，彼此之间可以促进合作，资源也能够相互分享，提高规模经济效益的同时，还刺激创新，使创新因素的集聚和竞争能力有最大限度地扩大，强化产业及园区的竞争力。

(3)营造良好的生态环境

临港经济区以“绿色、健康、环保”为理念和目标，坚持建设宜居优质的生态环境。目前，区域绿化面积达到 519 万平方米，贯通南北的绿化走廊生态作用明显，占地 63 万平方米的人工生态湿地公园成为循环经济的典范，获评“天津市五星级公园”，是我国国内最大的生态恢复工程之一。

二、国外先进海洋产业园区发展经验

美国、新加坡是海洋产业园区发展较成熟的国家，在海洋产业和海洋产业园区发展上都形成了独特的模式和经验，通过对这些国家或地区的对标园区进行分析研究，可以提炼出可资借鉴的经验与启示。

(一)美国休斯敦能源走廊

1. 基本概况

能源走廊(The Energy Corridor)坐落在休斯敦市区的西边，范围从 10 号州际公路两侧，由科克伍德路(Kirkwood)向西延伸至巴克柏树林(Barker Cypress)，中部地区沿着埃尔德里奇公园大道(Eldridge Parkway)和安科莱夫公园大道(Enclave Parkway)，从北方的 10 号州际公路延伸至布瑞尔森林(Briar Forest)以南。能源走廊占地约 17 平方千米，能源走廊区占地约 8 平

方千米，拥有超过186万平方米的办公区域(75%属于A类)和超过27万平方米的零售空间。园区包含许多企业总部与国际能源公司的区域办事处，被称为能源走廊，主要是因为聚集了众多国际能源和能源服务的公司。园区内也有其他非能源企业的总部，如西斯科公司、Star家具、墨西哥湾丰田公司、卡地纳健康集团等，总共超过84 000个就业机会。

2. 园区发展模式

(1)园区发展

在1970年早期，因为业务逐渐增加，企业开始寻找公司新址以及新进员工住房，最后决定搬迁邻近校园环境的休斯敦城郊。壳牌石油公司与康菲石油公司借由建设国家最先进的设施，分别选址在10号州际公路的戴瑞-艾仕福德路(Dairy-Ashford)和埃尔德里奇公园大道上。之后，其他石油和天然气公司纷纷跟进，包括Amoco(现在的英国石油美国公司)、埃克森美孚化工，以及一些能源服务企业，如M. W. Kellogg、钻石海上钻探公司和艾伍德海事。在该区域的商业业主的请求下，得州政府在2001年成立能源走廊区(又称为Harry Country Improvement District #4)，作为市政管理区。市政管理区协调公众事务和私人投资，促进公共安全和提升区内的生活质量。经过十多年的发展，能源走廊整合区域和都市商业发展，在工作、生活与投资等方面获得国际认可，成为高质量发展的地区。

(2)园区主要企业

能源走廊于2012年便成为该地区第三大就业中心，拥有超过78 000名员工，已有300个大型公司入住。许多企业在能源走廊设立总公司或地区总部，包括雪铁戈、英国石油美国公司、康菲石油公司、陶氏化学、埃克森美孚化工、福斯特惠勒美国公司、野马工程、壳牌石油公司探勘和生产、沃利帕森斯等。

伍德集团(Wood Group)，正式名称为约翰伍德集团(John Wood Group PLC)，是一家国际能源服务公司，总部位于苏格兰的阿伯丁郡，全球员工总数达35 000人。在20世纪70年代早期，该集团从北海石油工业开始已进入多元化能源服务业务，现在公司年销售额超过60亿美元，并在超过

50个国家经营。该集团有三个主要事业体，提供石油和天然气一系列的工程、生产及维护管理服务，以及遍及全球的发电产业。

英国石油美国公司设立于美国得州的休斯敦，总部是位于英国伦敦的英国石油公司(BP P. L. C.，以下简称BP)，成立于1908年，海外部门散布在全球80个国家，是世界石油和天然气七大巨头之一。公司为石油和天然气所有领域的垂直综合性营运，包括探勘、生产、精炼、分配和销售，石油化工、电力生产和交易，也拥有可再生能源的生物燃料和风力发电的利益。英国石油美国公司是英国石油公司中最大的，也是在美国主要的子公司，其营业利益占了BP全球营运的1/3。英国石油美国公司在休斯敦的其他分公司有：BP勘探开采公司(BP Exploration & Production)，主要从事石油探勘与开采，包括墨西哥湾的相关活动；BP北美开采公司(BP Products North America)，从事石油和天然气的探勘、开发、生产、提炼和销售；BP能源公司(BP Energy Company)，为业界、公共部门和零售店商提供天然气、电力和风险管理服务。

康菲石油公司在2002年由美国康纳和石油公司与菲利普斯石油公司合并而成立，为美国第三大石油公司、全球第五大能源公司，在全球49个国家和地区拥有分公司和投资。作为综合性能源公司，核心业务包括石油、天然气的探勘、生产、加工以及营销，化学品和塑料产品的生产和销售。在海洋探勘与生产技术、油藏管理和开发、三维地震技术、高等级石油焦炭改进等方面拥有极高的声誉。

(3)园区政策

目前，能源走廊是混合使用的行政区，包括各种商业活动、零售、住宅等。为能更加了解该地区的特性与用途，政府在近几年进行了一系列的土地利用规划，分析了住宅与商业的位置分配及结构、相关交通设施与公共空间的设置，虽然能源走廊为商住混合的地区，但仍期望通过有效的规划，将住宅与商业活动作出明显的区隔。

能源走廊在2015年总体规划的方案(The Energy Corridor District 2015 Master Plan)中提出了几个方向，如土地使用、公园与开放空间、交通网络、街道设计等。政策主要围绕加强园区的土地利用，完善社区环境、交通运输与功能进行，如拥抱自然环境、建设大型公共空间、促进环境设计、投资交通基础设施、综合运输服务、增强循环网络等。总体规划是期望能源走廊在休斯敦能有特殊的重要性，凭借其良好的地理位置和发展过程的历史，在原本良好的基础上重新进行规划与调整，为休斯敦提供一个平台，向成为一个多维、都市性以及世界级的地区前进。

（二）新加坡裕廊工业区

1. 基本概况

新加坡的海洋产业是从 20 世纪 60 年代英国军队撤出后，在英国海军基地的基础上发展起来的。在政府的主导推动下，经历持续的转型升级和结构优化，构建起了以海洋运输、海工装备、船舶修造、海洋金融、海洋服务业等为主体的海洋产业集群，有力地推动了新加坡的经济发展。

目前，新加坡拥有海洋产业企业 5000 多家，从业人员超过 17 万，海洋产业对新加坡国内生产总值的直接贡献率超过 7%，相关联产业对国内生产总值的贡献率超过 10%。其中，新加坡的海洋金融和海洋工程装备产业相互支持、相互促进，发挥了重要作用。

2. 园区发展模式

（1）裕廊海洋工程装备集群

新加坡在推进海洋产业发展的过程中将海洋工程装备产业作为非常重要的一个方面。

1961 年，新加坡政府在新加坡西南部的滨海地带裕廊划定 6480 公顷的土地发展工业园区，并拨出 1 亿新元进行厂房、港口、码头、公路、电力、供水等一系列基础设施建设。1968 年，成立裕廊镇管理局，专门负责经营管理裕廊工业区。裕廊工业园区的发展建设经历了劳动密集型产业主导、资本与技术主导和知识经济主导三个阶段，其中海洋工程装备产业的发展轨迹也类似。从 20 世纪 60 年代起，新加坡从修造船起步发展海洋工程产业，主要承接钻井平台建造。20 世纪 80 年代开始从建造向设计研发领域进军；到20世纪90年代，开始收购欧美海洋工程设计公司，提升本国设计水平和总包能力。

目前，新加坡不仅在浮式生产储油卸油装置(FPSO)、半潜式钻井平台、自升式钻井平台的建造领域是世界领导者，也已具备海洋工程装备产业项目管理、细节设计、设备采购、安装测试、试运行、“交钥匙”的总包能力以及大规模自主研发和设计能力，以海洋工程装备产业为核心的产业链延伸至设计研发、建造安装、改装修理、配套产品、法律服务、金融服务、总包服务、营运管理以至教育培训等产业，产业链条完善，且每个环节上都集聚了大量的国际领先机构或企业以及高素质人才，构成了良好的海工产业发展生态环境。因此，新加坡在海工装备安装和维护方面具有强大的全球竞争力。2014年，新加坡海洋工程装备订单金额达68.5亿美元，占全球份额的16.3%。同时，新加坡也是世界三大国际海事仲裁中心之一，亚洲海洋法律和仲裁中心，亚太海洋金融中心，海事服务中心，船舶经济、风险管理和保险业中心[13]。

(2)海洋金融产业集群

新加坡政府对海洋金融发展高度重视，采取了减免税收等一系列政策，鼓励海洋金融发展，并参与到具体金融业务领域。新加坡海洋金融优惠政策、人才环境、创新环境、发达的基础设施等吸引了海洋金融企业来此落户。

新加坡主要金融区集中在新加坡东南端，金融区的形成虽有历史发展延续，但主要形成于20世纪八九十年代，21世纪以来新增金融项目较多，主要集中于滨海金融中央商务区(CBD)。新加坡CBD位于新加坡河南岸，已有CBD占地面积大约为82公顷，拥有全岛最密集的写字楼群，面积超过500万平方米，聚集了大量的金融保险业、房地产和商务服务行业的企业。其中，莱佛士(Raffles)占地面积31公顷，总开发建筑面积1.77万平方米，总办公建筑面积1.1万平方米。很多重要的商业大厦都位于莱佛士坊，如大华银行大厦、华联银行大厦、共和大厦、华侨银行大厦和新加坡交易所。新加坡海洋金融中心共分5级，除中央核心区外，还有区域中心，距离市中心13千米，共规划3个；小型中心，距离市中心6千米，共规划5个；边缘中心，距离市中心2.5千米，共规划6个；邻里中心，分布在各住宅区内。

新加坡海洋金融中心的形成与发展是典型的政府主导模式，政府通过制定政策、设计制度促进金融机构集聚并对金融业务进行引导，推动海洋金融发展。总体上看，新加坡海洋金融中心具有全球性和综合性等属性，竞争力强且排名持续保持前列，以海洋金融为核心所形成的良好金融生态环境对海工装备产业发展最为关键。

3. 发展经验

从世界范围内看，新加坡发展海洋产业的基础和条件并不算好，如新加坡国土面积小，可投入的资源有限，装备制造业的基础比较薄弱等。因此，在促进新加坡海洋产业发展的过程中，政府围绕海洋工程和海洋金融两大核心，统一规划、合理分工、密切互动，形成一个高效运转的政府服务系统，并从规划、政策、资金、人才、科研等方面对海工装备产业发展给予全方位的支持。

(1)制定科学的产业规划，确定优先发展重点领域

为推动海工装备产业发展，新加坡政府制定了产业规划和产业链集群发展模式，成立裕廊镇区管理局，将建成国际海工产业中心作为国家海工装备产业发展的定位和目标，并在不同发展阶段确定优先发展的重点领域，出台鼓励造船业、海工装备、油气产业和航运业发展等政策。如20世纪70年代后，为适应海洋开发需要，新加坡大力发展海工装备产业。在近二三十年间，新加坡政府又主动推动产业升级和结构优化，将海洋产业由以船舶制造、维修等传统业务为主向以海洋钻井平台、海事工程服务为主转变，同时促进海事保险、海事融资、海洋法律服务等产业发展，并加强对海洋经济的金融支持，形成国际海洋金融中心。

(2)选择正确的发展路径，持续推动转型升级

主动转型、持续升级是新加坡海工装备产业健康发展的重要战略选择，以便保持自己在海洋工程产业各个发展阶段的优势。

第一阶段：在20世纪70—80年代，利用原有的修造船基础，以成本优势承接国外企业转移的技术和订单，从事海工装备产业链中低附加值环节的生产加工，新加坡的海工企业基本上不从事研究与发展，这一阶段虽然产业、产品的附加值不高，但为下一步发展海工产业积累了经验、培养了人才。

第二阶段：在20世纪80—90年代，积极推动本国海工企业与跨国企业融合发展，逐步由二级承包商转向主承包商，逐渐培育自己研究与发展的能力，扩大海工产业集群规模，保持成本与技术并存的优势，有效提高本国海工装备产业的核心竞争力。

第三阶段：从2000年至今，紧跟世界海洋油气开发需求，推动新加坡海工企业收购发达国家的海工产业设计企业，并进行相应整合，提升企业的自主创新能力，促进海工产业从单纯建造向创新设计转型，保持技术与服务并存的优势。针对2013年以来世界海工装备市场出现的新变化，新加坡海工装备企业进一步加强新产品研发，向液化天然气装备（如浮式液化天然气船、浮式储存及再气化装置等）和钻井船领域发展。

（3）加强政策支持，完善政策体系

根据海工装备产业发展所处的不同阶段，新加坡政府先后制定了一系列有针对性的优惠政策，并建立起产业政策动态调整机制。为吸引外国企业进入新加坡发展，新加坡政府规定，拥有先进技术的外国企业在新加坡投资设厂，可以减免利润33%的税收，期限为5～10年。为促进航运、造船和海洋工程的发展，新加坡海事港务局（MPA）陆续出台了船旗转换优惠政策（BFS）、获准国际航运企业计划（AIS）、海事金融激励计划（MFI）、核准船务物流企业计划（ASL）、船舶经济及远期运费协议（FFA）、船舶注册登记制度等措施。

（4）推进自主创新能力提升，加强人才培养

坚持高起点引进与自主创新相结合。一方面，支持本国海工企业开展设计、研发和创新，提高自主设计、创新能力；另一方面，鼓励外国企业在新加坡发展，为新加坡海工企业本土的技术创新注入活力，或协助本国

企业收购欧美设计公司，利用国外先进的研发能力促进本国海工企业技术创新能力提升，实现设计和技术上的突破。

同时，加强海工人才培养。新加坡在四所大学均成立海事研究院，如新加坡国立大学的海事研究和工程中心与世界许多著名高校联合开展海工技术开发研究，并通过资金资助，研究先进技术、培养高级专业人才；南洋理工大学设立海事工程学位课程，重点培养海洋工程产业发展所需要的高级工程师和管理人员，并与海事产业协会及有关企业合作，定向培养海工产业方面的人才。此外，新加坡还设立海事技术创新中心，专门负责海洋工程中小企业指导与合作，解决中小企业技术创新难题。

(5)完善金融服务，加强海洋金融对海洋产业的带动作用

金融是海洋工程装备产业的助推器，新加坡采取一系列政策措施，促进海洋金融发展，并在投资管理、银行和保险三方面具有明显的优势，金融行业成为推动新加坡经济繁荣与发展的主要支柱之一，也成为新加坡经济附加值最高的产业和国家税收来源的最大支柱。2019 年，新加坡金融业增加值占国民生产总值的 12.6%，其中银行业增加值占金融业增加值的比重约为 47.3%。高度发达的金融业及海洋金融中心的形成与发展，成为推动新加坡海工装备产业发展最为重要的因素。

以金融机构聚集促进海洋金融中心加快发展：新加坡致力于打造“东方瑞士”，通过持续实施多种优惠政策，吸引外国金融机构到新加坡聚集发展。1968 年新加坡取消对非居民存款人利息收入的预扣税；1972 年取消了对亚洲货币单位 20%准备金的要求，对提货单和可转让定期存单免征印花税；1977 年对采用亚洲货币单位结算的各项离岸所得按 10%的税率征收公司所得税；1983 年对当地银行等金融机构采用亚洲货币单位提供的银行贷款所得免征公司所得税。近年来，新加坡对年营业收入 100 万新元以下的小企业免征企业所得税，并对外国企业在新加坡设立总部机构实行税收奖励以及较低的公司所得税率等。这些政策有效地吸引了国外企业区域性和全球性总部机构及其巨额财富向新加坡的集聚，提升了新加坡世界级海洋金融中心的地位。据伦敦金融城发布的 2013 年全球金融中心指数，新加

坡是全球第四大国际金融中心，也是东南亚第一大金融中心和世界重要的离岸金融中心，其外汇交易量居全球前五，跨国界贷款额和柜台市场衍生交易额居全球前十，新加坡所管理的全球财富规模约 2.1 万亿美元，居全球第三。

海洋金融支撑海工装备产业规划实施：海工装备普遍价格较高、建造周期长，建造及购买所需的资金量大，通常情况下，无论是建造企业还是船东均难以独自承担。高度密集的金融机构以其多样化的金融服务，有效地满足了海工装备产业大规模融资需求。到 2019 年年底，新加坡共聚集各类金融机构 600 多家，其中商业银行 120 家、投资银行 50 多家、保险公司 130 多家、保险中介公司 60 多家、基金管理公司约 100 家、证券公司 60 多家、期货公司 30 多家、财务顾问 50 多家。为适应海洋产业加快发展需要，新加坡在由政府投资为主建设港口的同时，逐步开放港口融资途径，吸引国际上的港口经营企业到新加坡投资发展码头。从 2006 年开始，新加坡海事港务局针对船舶租赁公司、船务基金和船务商业信托，实施新加坡海事金融优惠计划，以鼓励企业来新发展航运金融业务。主要内容包括船舶租赁公司、船务基金或船务信托在 10 年优惠期内购买船舶所赚取的租赁收入，只要符合条件则永久豁免缴税，直至相关船舶被售出为止。

对海工装备设计研发与创新提供资金支持：对海工装备方面的前沿课题、研发项目及科研机构开展应用型研究给予研发资金支持，单个项目支持额为 500 万~5000 万新元，专项支持可超过上亿新元。支持企业高起点引进及自主创新，对本国海工企业开展设计研发和创新的项目给予大量资金支持，对本国海工企业收购欧美海工装备设计企业的给予资助。对海工中小企业邀请技术专家共同开展技术合作研究、解决技术创新难题的，由国家资助专家费用及项目运作成本 70%的部分。

帮助海工装备企业加强风险管理，防范化解风险：金融监管在保证金融中心及海工装备产业健康发展上至关重要，新加坡对金融实行严格的监管政策。基于管制、监督和市场原则三大支柱，新加坡金融管理局通过设定科学合理、严格有效的金融业发展基本规则，督促各被监管对象严格执行规则，维持公平、公开、公正的金融业竞争秩序，有效防范金融业发展的系统性风险。如在1997年亚洲金融风暴以后，新加坡加强了对本币跨境流动管理及对外汇资金进入新加坡股票证券市场和房地产领域的管控，有效防范了2008年美国次贷危机对新加坡的影响，使新加坡的金融市场、金融中心、海工装备产业得以健康持续发展。同时，新加坡通过促进专属保险公司、海上保险公司加快发展，建立海上保险经纪人制度，为海上保险公司建立、运行和发展提供制度保障，较好地帮助、引导海洋金融、海工装备企业防范和化解风险[14]。

三、国内外先进海洋产业园区经验启示

通过以上对国内外海洋产业园区的梳理和比对分析，我们可以发现，国内外海洋产业以及海洋产业园区历经数十年的发展历程，形成了各具特色的发展模式与管理经验(表4-1)。

一国海洋产业园区的成功，除了园区本身设备、厂房、管线等妥善的规划安排，国家政策的大力扶持更是相当重要，在政府主导推动下，制定优先发展重点领域，持续推动转型升级以及结构优化，互相扶持。政府给予政策上的支持，产业园区也须自我提升，除了完善园区内土地规划及硬件设备，还要加强自主创新能力、人才培养、建立园区规范与指标。当前，全球对海洋生态以及海洋资源相当重视，海洋强国多采用立法来加强海洋综合管理，依法设立筹备相关机构，提高管理的质量与效率。

表4-1　国内外海洋产业园区情况

园区	位置	面积	主导产业	发展政策
上海临港产业区	中国上海	247平方千米	新能源装备、汽车整车及零部件、船舶关键件、海洋工程、工程机械、民用航空和战略性新兴产业	重点扶持高端制造业，提供资金、金融等支持；同步扶持服务业；加强人才政策等

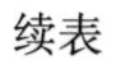

续表

园区	位置	面积	主导产业	发展政策
前海海洋金融中心	中国深圳	18.04平方千米	海洋金融、海洋工程装备制造、海洋科技业、海洋科技产业	—
天津临港经济区	中国天津	200平方千米	海洋工程装备、粮油、物流三大产业板块	金融创新政策，支持金融改革先行先试；减少微收企业所得税
休斯敦能源走廊	美国得克萨斯州	约17平方千米	能源及能源服务相关产业	定位为国家级重型装备制造基地、生态型临港工业区
裕廊工业区	新加坡	64.8平方千米	海洋工程装备、海洋金融产业	政府统一规划市政管理区，协调公众事务与私人投资，设置社区区域与都市发展，加强园区土地利用

通过对这些园区进行分析与研究，可以提炼出以下的经验与启示。

（一）政府主导推动发展，加强政策支持及完善体系

从各园区的发展可以了解到，政府角色对一个产业园区有着重要的影响力。新加坡的国土面积虽然狭小，初始时所拥有的优势与资源并不多，但在政府的努力下进行了转型及优化结构，使新加坡的海洋工程产业及海洋金融产业在其经济发展中占有重要的地位。

园区成立之初，政府会对企业提供相关的政策支持，如信贷、保险、税收、研发等方面的支持。根据产业发展的不同阶段，制定一系列针对性的优惠政策，并建立产业政策动态调整机制，依照发展前景不同的产业或企业，给予不同程度的优惠，吸引有发展性的企业投资设厂。

（二）完善园区土地规划

园区的土地规划关系到进驻企业的设厂考虑，以及日后规模逐渐扩大

时的相关布局。裕廊工业区在成立初期，政府即拨出1亿新元进行基础建设，如厂房、港口、公路、水电等设施，当时政府对园区的布局相当完善，使进驻的企业日益增加。而美国休斯敦能源走廊，因早期得克萨斯州没有对园区进行好的规划，所以整个园区呈现“T”字形的布局，近期委员会也针对环境规划提出一些建议方针，希望将商住混合的地区作出明显的划分，同时也增强交通的便捷性及环境的舒适性，期望提供一个宜人的生活空间。若能在建造初期，为园区打造适合办公与生活的环境，不但可以增添园区特色与优势，也可以减少后期园区规划变更的成本。

(三)确定优先发展重点领域，建立园区规范与指标

在园区创立初期，应制定产业规划，并且确定优先发展的重点领域。设想好园区所要推动的产业，以及其发展定位与目标，根据不同的发展阶段优先发展的重点领域，为产业的发展拟订好一系列的扶持与相关配套的政策，园区一旦有了指标性的产业，也会吸引其他相关产业进驻，完善园区的产业链条，使产业较具完整性。

(四)加强人才培养，推进自主创新能力

人才的培养对产业园区来说相当重要，吸引人才和提高技术能力，是一个产业园区长期竞争力的关键因素。部分园区在选址时，决定设立在高校附近，因为有现成的人才提供；其他产业园区选择自己设立研发机构，通过政府提供的资金及科研机构项目的设立，进行研发合作。产业和教育之间的密切互动，有助于产业经验和知识的转移，园区可以与教育机构合作，根据产业需求制订相关的培训计划，培养园区所需要的技术与管理人才。

创新能力是园区重要的要素之一，与园区的研究开发息息相关。借由人才的培养，提高园区设计、研发、创新的能力，创造园区的长期竞争能力。也可以通过利用国外先进的研发能力，促进本土产业技术创新能力的提升，实现设计和技术上的突破。

（五）加快海洋法立法工作，加强海洋资源的综合管理

设立综合性海洋管理法对一国的海洋经济发展有重要的基础作用，为一国的海岸及海洋管理建立了现代法律框架。上述各国大多都在发展海洋经济时便建立相关法案，为全国海洋管理进行责任规划及事务划分，确立国家海洋发展战略及管理办法，加强对海洋的研究、对海洋环境的保护及保护海洋生态多样性、制订综合管理计划、确保海运安全、振兴海洋教育、促进国际合作等。法规的设立与颁布，可以为海洋管理事务建立基本的框架，督促有关单位对全国海洋管理负起职责，在防止海洋环境恶化、发挥海洋产业潜力、协调解决海洋经济发展的矛盾、完善海洋综合管理计划等方面发挥重要的基础作用。

虽然我国已有海洋相关立法，如《中华人民共和国海域使用管理法》《中华人民共和国海洋环境保护法》等，但大多属于主权性质，或是过于原则，对于使用的权责与权力方面较缺乏操作性。目前，我国没有法律地位较高的综合性海洋管理法，对于海洋经济活动的管理缺乏法律依据，但是海洋经济活动本身具有多样性和复杂性，随着海洋环境的污染加剧、海洋资源的滥用、海洋生态环境的恶化、海洋产业结构的雷同、海洋核心竞争力逐渐流失等，这些问题都将会渐渐浮现并日益突出。

因此，需要加强海洋管理法规的建设，强调依法管理与实施，以长远的未来为出发点，统筹时需多加考虑各方面因素，参考国外立法的过程与经验，将有关规定置于一部法典中，并设立海洋管理与统筹的管理机构，在法律中明确规定中央与地方的管辖范围与权限，建立好海洋管理的体制与机制，提高管理的质量与效率。

（六）加强海洋经济统计工作

海洋经济需要依托国家统计体系以获得数据并加工计算，强化国家统计水平和能力是提高海洋统计水平的前提。国外所采用的北美产业分类体系，其行业分工较细，可直接提取海洋产业分类，容易识别海洋相

关企业与产业，方便详细的数据处理和分析。相比之下，我国的国家统计体系分类较粗，其中的海洋产业类别的行业数据也较粗，无法精准界定海洋产业的范围，因此在海洋统计上困难较多，无法较深入地展开数据的处理和分析。

海洋经济统计的核算主要针对重点问题展开研究，目前统计分类不够细致，在界定国民经济行业中有哪些属于经济范畴以及工作内容涉海相关的界定上较不明确，因此无法进行界定和精细的研究。此外，在国际上也没有统一的海洋产业类别的标准，各国对海洋产业的定义也存在着分歧，在国际间进行比较存在诸多困难。美国、加拿大主要是依据北美产业分类体系来提取海洋产业的类别与数据，没有独立的海洋产业分类标准，而日本也主要是依据国民经济的统计分类来展开海洋经济的数据计算工作。

2014 年 11 月，我国颁布了海洋及相关产业的分类及代码，对海洋经济的划分较为细致。有此分类标准作依据，今后可更加有针对性地进行强化及有重点地进行研究，包括研究海洋产业活动的属性以及相对于国民经济行业的特殊性，编制海洋产品名录，联合沿海国家开展国际标准编制等，并在此基础上，进一步提高我国海洋经济统计的工作水平，把海洋经济统计的工作推向新的里程。

（七）维护海洋生态，提高海洋科技利用效率

在立法时应对海洋生态的发展及维护给予相当程度的重视，将强化对污染源治理基础设施的建设，对废弃物的排放海域进行规划与评估，建立科学的海洋环境影响评价机制，对海洋环境进行标准化的、综合的监视体制。增强民众的海洋经济意识，并多加倡导海洋文化及环保议题，树立新的价值观。在发展海洋经济的同时不破坏环境，保护海洋生态的多样性，恢复海洋生态系统，建立可持续性发展的平衡。

海洋科技包括海洋和水产开发等海洋产业现代化的相关技术，以及开发海洋生物有用物质和海洋生物新品种技术等。利用特殊网络连接海

运港口物流信息网，建立海洋和水产综合信息系统，提高海洋信息产业的高附加值。开展国际合作与区域集团化，吸引国内外人才共同切磋与交流，建立研究机构以方便吸纳发达国家的先进科技及人才，加大政府对海洋高新技术研究的投资和科技发展的综合规划与管理。

第五章　新时代国家海洋产业园区发展思路

一、新时代国家海洋产业园区发展指导思想

以党的十八大和十九大精神为指导，深入贯彻落实科学发展观，坚持陆海统筹，围绕建设海洋强国，主动适应经济发展新常态，坚持创新、协调、绿色、开放、共享发展理念，着力推进供给侧结构性改革，以加快传统产业改造提升为基础，以培育海洋战略新兴产业为重点，以海洋科技发展为支撑，以改革创新为动力，着力构建开放、高效、便捷和低成本的管理体制机制，持续推进海洋产业园区转型提质，促进海洋产业集聚发展，不断扩大竞争新优势，提高海洋产业发展质量和效益，促进海洋产业持续健康地发展。

二、新时代国家海洋产业园区发展总体思路

全面贯彻科学发展观，秉承海洋特色，以促进海洋经济供给侧结构性改革为核心，以科技创新为驱动，以政策支撑、金融支持为途径，主动适应新常态，按照“政府引导，多元投入，市场运作，创新驱动，集约发展、产城融合、绿色低碳”的发展思路，立足当地经济发展水平、资源禀赋、区位条件和产业发展基础，在海洋主导产业相对集中的区域，政府通过强化海洋基础设施和装备设施建设，引导产业结构优化布局、推广先进技术，同时整合社会、市场、行业协会等多方力量，高起点、高标准、高水平地建设一批土地集约型、技术密集型、生态低碳型的国家特色海洋产业

园区，使之成为沿海地区海洋经济发展的增长极、海洋主导产业集聚的功能区、先进海洋科技成果转化的核心区、体制机制创新的试验区，引导海洋经济向质量效益型转变，推动我国海洋产业结构的转型升级，实现海洋经济和海洋生态环境的协调发展。

三、新时代国家海洋产业园区发展定位

(一)总体定位

国家海洋产业园区是我国海洋经济可持续发展的重要载体，承担着落实海洋强国战略、“一带一路”倡议、国家海洋经济与事业规划、全国海洋主体功能区规划的重要任务目标，是实现海洋产业创新驱动、发展动能转换的重要推进器。

(二)功能定位

国家海洋产业园区是集海洋经济发展、海洋科技创新、海洋人才储备、海洋生态保护和国际合作交流等多功能于一体的平台。

1. 海洋经济持续发展的主引擎

立足不同区域的区位条件、海洋资源、生态环境、经济发展状况、产业基础和发展潜力，整合现有涉海产业园区在产业基础、体制机制、政策等方面优势，促进海洋经济要素合理流动和优化组合，使国家海洋产业园区成为推动海洋经济持续发展、做大做强的主引擎，加快海洋产业转型升级、结构调整的主战场，促进海洋产业要素集聚、优化布局的支撑点，提高海洋产业发展质量与发展效益的引领者，不断提升产业园对海洋经济发展的贡献率。

2. 海洋高新技术产业的示范区与集聚区

在科技兴海战略背景下，发挥规划对产业发展的带动引领作用，利用

当地现有的海洋产业基础和科技人才优势，全面整合科技资源，加快搭建海洋科技创新和成果转化平台，重点打造海洋生物育种与健康养殖、海洋生物医药、海洋高端装备制造、海水利用、海洋可再生能源、深海战略资源勘探开发和海洋高技术服务业等核心产业链，将海洋产业园区建设成为海洋高新技术产业和现代海洋产业示范区，提升海洋产业层次。

3. 陆海统筹发展先行区

在海洋产业园区内，应充分发挥陆海两种资源优势，坚持陆海统一规划、统一开发、统一管理，加快完善陆海基础设施和公共服务网络，积极优化陆海产业布局，努力形成资源整合、设施对接、产业联动、管理高效的陆海统筹发展新格局。

4. 生态文明和清洁能源示范区

加快发展清洁能源，优化能源结构，创建清洁能源示范区。强化海洋资源有序开发、生态利用和有效保护，加强海域污染防治和生态修复，积极推进低碳技术研发和应用，大力发展循环经济，为建设海洋生态文明探索新模式。

5.“一带一路”倡议的关键支点

“一带一路”倡议的实施，有助于加快海洋产业转型升级步伐，成为未来海洋产业持续健康发展的重要着力点和突破口。“一带一路”沿线国家或地区约65个，总人口约44亿，经济总量约21万亿美元，分别约占全球人口和经济的63%和29%。这些国家或地区大多是新兴经济体和发展中国家，处于经济发展的上升期，开展互利合作的前景广阔。海洋产业作为我国加强与“一带一路”沿线国家地区合作的先行产业，可以充分发挥经济总量较大和海洋科技综合实力较强的优势，加大与“一带一路”沿线国家在港口建设、海洋航运、海洋油气、海洋矿产、海洋渔业、临海产业、海洋生态保护、海洋防灾减灾、海洋金融、海洋服务、海洋科技与人才教育、维护海洋权益等方面的合作，带动我国优势海洋装备、产品、技术、标准、服务输出，实现海洋产业国际产能合作与对接。同时，引进“一带一路”沿线发达国家跨国公司的高技术、高附加值投资项目，促进我国海洋产业融入全球海洋产业链、价值链与供应链，拓展海洋产业国际合作新空间。而海洋产业园区则是促进海洋产业双向合作，实现我国与沿线国家互利共赢，打造利益共同体、命运共同体和责任共同体的关键支撑点。

6. 海洋经济“走出去”战略的重要载体

海洋经济本质上是一种开放经济，在世界经济全球化和海洋经济发展日趋融合的大背景下，实施“走出去”发展战略，是海洋产业参与国际竞争与合作，提升海洋产业国际分工地位的必然选择。推动海洋经济“走出去”，必须以全球视角统筹谋划海洋产业投资，推进海洋产业布局全球化，充分利用国际、国内两种资源；以竞争优势较强的龙头骨干企业为依托，到境外开展集群式投资，将企业生产加工环节向境外能源、资源供给充足的地区转移，合作建立特色海洋产业园区，建设境外石油、天然气、煤炭、铁矿、铜矿、氧化铝等能源、资源保障基地；抓住全球经济较为低迷所蕴含的机遇，引导一批实力强、开放程度高的企业购并海洋产业国际知名企业，掌握海洋产业先进技术、知名品牌和销售网络，或到海洋科技资源密集的地区，投资建立研发中心和产品设计中心，或与国际知名的海洋企业和科研院所交流合作，共同开发新产品、新技术、新材料和新工艺，促进我国海洋产业在一些领域实现跨越式突破。而海洋产业园区则是实施、实现海洋经济“走出去”战略布局最为坚实的依靠力量和重要载体。

四、新时代国家海洋产业园区发展目标

国家海洋产业园区是落实海洋强国战略、“一带一路”倡议等任务的重要抓手，对于推动海洋产业转型升级、打造海洋经济新增长极具有重要意义。因此，应从各地的比较优势出发，顺应国家战略导向及需求，建设富有创新活力和可持续发展能力的定位准确、特色鲜明、优势互补、分工合理、层次清晰、功能高端、类型齐全、科技先进的国家海洋产业园区体系。新时代国家特色海洋产业园区发展的具体目标包括以下内容。

（一）数量目标

分批认定国家海洋产业园区，在沿海地区建成一批具有一定规模、高密度、规划有序、定位明确、区域特色鲜明的海洋产业园区，重点培育具有国际竞争力的品牌园区5~10个。

（二）创新目标

每个国家海洋产业园区建设1~2个海洋基础研究平台或重点实验室、1~2个国家级海洋研发基地；海洋科技成果转化率达到53%以上[15]，海洋科技创新对海洋产业园区发展的贡献率大幅度提高。

（三）结构目标

国家海洋产业园区中涉及海洋新兴产业的园区数量占比达到60%，年均增速达到15%以上；涉及海洋服务业的园区数量占比达到30%，年均增速达到10%以上，海洋产业园区对海洋经济质量提升和海洋经济转型发展的作用明显提高。

五、新时代国家海洋产业园区主要任务

（一）科学制定园区发展顶层设计和系统规划

国家层面注重园区发展的区域布局和顶层设计，对地方园区的发展给予方向性建议；地方层面要注重各类海洋产业园和海洋产业基地的科学规划，编制海洋产业园和海洋产业基地建设的可行性研究报告、总体规划、建设规划及产业发展规划等。

（二）完善国家特色海洋产业园区管理制度体系

研究制定国家特色海洋产业园区的认定条件和主要指标标准，研究建

立园区申报、核审、督查、检查评估、考核认定和日常管理等一系列制度，认定准入管理和退出机制。组建国家特色海洋产业园区日常管理服务机构，负责其总体发展规划、人才和项目引进以及基地日常管理等，为入驻企业提供政策、资金、土地、中介和科技项目等方面的支持，承担园区建设和发展情况的信息收集、汇总、分析和报送，并对园区实施的各项工作进行监督考核。

（三）分批次组织认定一批国家特色海洋产业园区

秉承海洋特色，在现有的涉海产业园区的基础上，选取一批发展规模相对较大、海洋产业基础强、新兴产业占比高、集聚效应强、发展潜力大的现有涉海产业园区，设立为国家特色海洋产业园区，并在将来的发展中突出海洋特色。在选取方式上，由地市级及以上的政府机构作为申报单位，经所在地海洋主管部门向所在地省级海洋行政主管部门提出申报、申请，由省级海洋行政主管部门进行初审。

（四）创新园区金融产品和服务方式

积极发挥财政资金的引导作用，深化园区与金融机构合作，创新金融产品和服务方式，支持海洋产业园区发展壮大。一是引导设立蓝色产业创投基金，重点支持海洋产业园区企业做大、做强；二是通过设立现代海洋产业风险补偿资金等方式，解决产业园区海洋中小企业融资难问题；三是继续深化与金融部门间的战略合作，加大金融产品与服务方式创新；四是成立资产运营公司，解决海洋产业园区建设融资问题；五是引导和鼓励公私合营模式在产业园区中的运用。

（五）建立园区运行监测与评估体系

加强园区涉海企业运行情况的检测、分析与评估，进行海洋基础信息综合调查与评价工作，建立海洋资源环境、海洋经济监测信息数据库和信息发布平台，为园区综合管理提供决策支持。建立园区动态监督检查机制，对园区建设和实施情况进行检查评估。

（六）推进与“海上丝绸之路”沿线国家海洋产业园区合作

加大与“海上丝绸之路”沿线国家海洋产业园区的合作，充分利用沿海省(市、区)产业发展基础、优势资源和园区平台，建立定期国际会议咨询制度，邀请国内外园区负责人及研究人员参会。建立海洋产业园区专家咨询委员会，由沿海省(市、区)海洋行政管理部门领导，国内外涉海园区专家、学者和园区企业家代表组成，定期交流园区建设发展遇到的问题、解决的方法及出台的政策。

第六章　新时代国家海洋产业园区空间布局

为进一步贯彻落实“一带一路”倡议和海洋强国战略，实施科技兴海战略，促进海洋产业实现集聚式发展，发挥海洋产业园区在沿海区域的增长极作用，需制定国家级海洋产业园区空间布局方案。

国家级海洋产业园区是指为加快海洋经济发展，以海域空间为依托，通过政府主导、规划引导所设立的或通过市场机制作用形成的海洋产业集聚区域。国家级海洋产业园区以促进海洋产业实现集群式发展、优化海洋产业结构为目标，主要任务是整合、规范现有涉海产业园区的发展，推动海洋传统产业园区改造、优化和提升，加快海洋高新技术产业园区建设节奏，促进现代海洋服务业带动作用的发挥，推动海洋产业结构向高端、高效、高附加值转变，符合“一带一路”倡议和海洋强国战略的发展要求，对我国产业园区的发展具有强大的示范、支撑和带动作用。

一、国家海洋产业园区布局原则

（一）海陆联动原则

坚持开发和保护并重，处理好海洋资源开发利用与海洋生态环境保护的关系，统筹配置陆海各类资源要素，以“海陆一体”的战略眼光整体规划国家级海洋产业园区布局，以促进陆海产业联动，实现海洋经济可持续发展。

（二）开放创新原则

以开放创新的视野配置海洋资源，坚持“引进来”与“走出去”相结合，先行、先试，大胆探索，创新有利于海洋产业园区发展的管理体制、运行模式、投融资机制、公共服务平台和区域合作机制，实现海洋产业园区的开放创新发展。

（三）适度超前原则

在产业布局方面，应在立足各地海洋产业及相关产业的基础上，准确把握全球海洋产业发展规律与海洋科技发展趋势，研究制定海洋产业发展的线路图，立足抢占海洋产业发展、海洋科技的制高点，在国家级海洋产业园区适度超前布局一批海洋战略性新兴产业和前瞻性海洋科技项目，使海洋产业园区成为引领全国海洋产业和科技发展的主体力量。

（四）产城融合原则

依托现有临海城市群，在海洋产业基础好、生产要素密集、基础设施配套完善、产业生态环境好、技术创新能力强的地区设立国家级海洋产业园区，集中力量打造一批具有较强国际竞争力和影响力的现代海洋产业集群，促进海洋新兴产业、海洋服务业集群式发展，形成具有特色的块状海洋经济，海洋产业与城市融合发展、联动，优化海洋产业空间结构格局，提高海洋资源配置效率。

（五）区域协调原则

国家级海洋产业园区布局应注重区域平衡与区域协调原则，在海洋资源丰富、发展潜力大，但由于历史原因或缺乏政策扶持而发展较为落后的地区，通过建立国家级海洋产业园区并给予配套的资金、人才、政策、研发等方面的优惠，引导海洋产业发展为该地区增长极，带动当地社会经济快速发展，从而缩小与发达地区的距离，促进区域间平衡发展。同时，应突出每个区域海洋产业发展的不同定位，形成海洋产业在区域发展、细分产业、重点产品与服务的差异化，形成区域合作开发新模式，推动技术和资源共享平台建设和区域合作。

二、国家海洋产业园区布局总体思路

国家级海洋产业园区空间格局应与国家区域发展总体战略、国家海洋战略相适应，基于海陆兼顾、城市群依托、生产要素密集、产业基础扎实、基础设施配套等原则，总体上可以按照以下方式进行布局。

（一）存量优选布局

从现有涉海国家级园区中选择一批产业结构合理、集聚效应好、带动能力强的园区作为国家级园区。

我国沿海地区的涉海国家级园区（包括高新区、经济技术开发区、保税港区、新区等）共51个，总面积近16 000平方千米，构成沿海地区海洋产业园区的主体。经过30余年的发展，涉海国家级园区在相对规模、产业结构、发展水平等方面有了很大提升，呈现出“三片一带”的空间分布格局，能够发挥一定的集聚效应和带动作用。因此，在未来国家级海洋产业园区的设立和布局上，应优先考虑现有的涉海国家级园区，在这些园区的基础上，选择一批发展规模相对较大、海洋产业基础强、新兴产业比重高、集聚效应强、发展潜力大的涉海国家级园区，或将某些国家级园区内的海洋特色产业园区独立出来，设立为第一批国家级海洋产业园区。

这一方式主要是针对已有一定发展规模的涉海国家级园区，通过提供更有针对性的优惠政策和更全面的政策保障来进行综合优选，可操作性强，且风险较小，较为稳妥。但这一方式选择的范围仅限于涉海国家级园区，不仅不利于缓解区域上的不平衡，还可能引发园区管理上的混乱。目前，涉海国家级园区存在区域分布不平衡、发展规模差异大、发展水平参差不齐等问题，按同一标准筛选和设立试点园区，无助于解决区域发展不平衡的问题。此外，由于国家级高新区、经开区、保税港区、新区等分别由不同的部门和机构进行管理，若在原有基础上直接转变为国家级海洋产业园区，“多重身份”的叠加使园区拥有多个管理主体，在一些问题上可能会出现责任范围不清甚至相互推诿的现象，不利于园区管理效率的提高。

(二)整合提升布局

加快推动现有的涉海国家级园区的整合提升，促进一批发展水平较高、发展潜力较大的海洋产业园区(如科技兴海基地、海洋特色园区等)升级为国家级海洋产业园区。

除了涉海国家级园区外，还可将发展迅速、前景良好的其他海洋产业园区(如由各地政府设立或在市场机制下形成的海洋产业园区、海洋特色园区等)纳入国家级海洋产业园区试点范围。如深圳市、青岛市等地已建成数量众多的海洋装备产业园和海洋生物产业园等，这些园区虽然面积较小，但发展迅速，在行业内已具备一定的竞争优势，且所属行业为海洋新兴产业，具有重大战略意义。因此，在设立国家级海洋产业园区的过程中，应注意整合优化这些发展相对成熟的产业园区，设立为国家级海洋产业园区或国家级海洋特色园区，加大政策扶持力度，以规范其发展，提升其竞争力。

兼顾涉海国家级园区和其他海洋产业园区的方案能够为沿海地区海洋产业发展注入新的活力，促进新兴增长极的形成，拉动当地尤其是欠发达地区经济的发展。但由于目前已有的涉海园区在面积、规模和产值上差异分化很大，国家级海洋产业园区审核标准的确定较为困难。

(三)区域平衡布局

以各地海洋经济发展需要为依据，由自然资源部按一定比例和评定标准，给予沿海各省(市、区)一定的名额，由园区所在地政府进行申报，各省(市、区)政府海洋行政主管部门进行审核、评定，上报自然资源部进行考察、批准。

在我国，一些海洋产业发展水平较低的地区如广西、海南等地，海洋资源、港口资源丰富，海洋经济发展潜力大，但受当地经济发展水平、财政实力所限，且政策力度不足，导致现有的海洋产业园区数量较少，产业结构不够合理，技术力量不足，未能有效地将该地区的区位优势和资源优势转化为产业优势。设立国家级海洋产业园区为这些地方的海洋产业发展提供了难得的机遇，各省(市、区)政府海洋行政主管部门有一定的自主权，可根据本地实际情况和真实需求来设立国家级海洋产业园区，利用完善的政策保障来弥补欠发达地区海洋产业园区的发展短板，加快园区发展节奏。

这一方式有利于兼顾不同发展水平的地区，促进区域平衡、协调发展。但一方面，数据统计、信息收集的工作量大，所需要的时间相对较长；另一方面，在风险控制上也存在一定的难度，信息的真实性、评定过程的公正性、标准的统一性等难以保障。

(四)结构优化布局

根据全国海洋产业结构调整的总体要求，在不同区域设置不同重点产业的海洋产业园区。

将区域和产业布局结合起来考虑，有助于通过国家级园区的再布局，针对不同区域的不同发展问题，优化沿海地区海洋产业的结构与空间布局。

三、国家海洋产业园区空间布局体系

根据上述四个方面的布局思路，结合我国涉海产业园区“三片一带”的空间布局现状，适应我国海洋产业发展布局需要，新时代国家海洋产业园区总体布局愿景是，形成“两带三心五圈、多层多类多群”的空间格局。通过多个国家级海洋金融中心和海洋产业轴带，推动区域海洋经济实现集群式发展，提高整体竞争力。

（一）两带

“两带”包括沿海园区主轴带和沿江园区次轴带，由此将我国的海岸线和主要河流通道整合、贯通起来。

（1）沿海园区主轴带

沿海园区主轴带是指我国沿海地区从北往南，依托将近2万千米的海岸线，布局一条海洋产业园区主轴带，利用丰富的海洋资源和涉海空间，充分发展高附加值、高端、外向性强的海洋产业。

（2）沿江园区次轴带

沿江园区次轴带是指沿长江岸线形成沿江产业园区分布轴带，以沿江综合运输大通道为轴线，依托长江黄金水道，形成便捷高效、安全绿色的多式联运综合交通网，将长江中游城市群纳入沿江轴带区域，打造贯穿东西、以航运和船舶等产业为特色的海洋产业集聚区，为沿江地区经济发展和产业结构优化提供新动力。

（二）三心

“三心”是指天津国家海洋金融中心、上海国家海洋金融中心及深圳前海国家海洋金融中心，分别位于我国的北部、东部和南部，所在城市的海洋产业集聚程度高、经济发展程度高、金融业发达、外部环境较好。三个海洋金融中心各自为北部、东部和南部的众多海洋产业园区提供金融支持和融资服务，有针对性地支持产业结构合理、区域特色鲜明的海洋产业园区，引导海洋产业集聚。

（三）五圈

“五圈”包括北部环渤海海洋产业园区圈、东部长三角海洋产业园区圈、东南闽台海洋产业园区圈、南部南海产业园区圈、中部沿江海洋产业园区圈，各自有不同的产业结构和发展侧重点。

1. 北部环渤海海洋产业园区圈

环渤海湾地区主要包括辽东半岛、渤海湾和山东半岛沿海地区。该区域海洋产业规模较大，产业链较为完整，产业配套体系相对较为完善，海洋服务产业较为发达，形成了具有较强竞争力的海洋产业集群或基地，是目前我国海洋产业园区的“第一方阵”。

该区域国家海洋产业园区布局的重点包括：

①大力发展特色水产品与精深加工产业园区，加强水产品健康养殖基地建设；

②整合优化港口资源，依托大连港、天津港、秦皇岛港、唐山港、黄骅港等综合优势，完善航运中心和港口物流园区建设；

③在山东省、辽宁省船舶制造和海工装备制造产业集群式发展的基础上，继续提升比较优势，打造以大连、青岛为中心的国家级海洋工程装备制造产业园区；

④发挥海洋科技优势，重点推进海水淡化、海上风电、海洋药物和生物制品等海洋新兴产业发展，根据现有产业基础，大力建设海洋战略性新兴产业园区；

⑤整合渤海湾地区的海洋旅游资源，加快发展国际滨海休闲度假、邮轮游艇、海上运动等高端海洋旅游业，建设全国重要的海洋文化和体育产业基地，打造具有地域特色和国际竞争力的滨海旅游度假区；

⑥加快天津海洋金融中心建设，大力发展船舶融资租赁、船运保险、资金结算等海洋金融业务。

2. 东部长三角海洋产业园区圈

长三角地区主要包括江苏、上海、浙江等区域，这一区域海洋产业技术水平高、特色明显，海洋产业龙头企业较为集中，海洋产业园区分布较为合理，海上航运业、海洋服务产业较为发达，在海洋装备等先进制造业和海洋服务业方面竞争优势明显。

该区域国家海洋产业园区布局的重点包括：

①在江苏、浙江涉海区域发展集约化生态水产养殖园区和海洋生物资源精深加工区；

②以提高船舶自主设计制造能力为重点，在上海、江苏等地集中发展新型高端海洋船舶产业园区和海洋高端工程装备制造基地；

③促进海水利用业发展，建设南通、盐城、连云港海上风电基地和盐城风电装备园区，建设泰州、连云港、大丰、启东海洋生物产业园区等，打造建设具有国内领先水平的海水资源开发利用产业化基地；

④整合港口资源，完善以海陆联动集疏运网络、金融和信息支撑为基础的港航物流服务体系，加快建设大宗商品储运加工贸易基地和集装箱干线港建设，建成我国大宗商品交易中心、航运中心和现代物流枢纽；

⑤壮大海洋服务业，培育涉海业务中介组织，完善上海航运交易所服务功能，开展船舶交易签证、船舶拍卖、船舶评估等服务，建设国际航运、海洋金融中心；

⑥发挥海洋、湿地、文化等旅游资源优势，发展湿地生态旅游、生态休闲旅游区，培育发展海洋文化创意产业园区。

3. 东南闽台海洋产业园区圈

海峡西岸区域主要包括浙江省温州市和福建省宁德市、福州市、莆田市、泉州市、厦门市、漳州市及广东省汕头市、潮州市、揭阳市等区域。这一区域海洋产业具有一定的基础，海洋生态和海洋文化富有特色，闽台两岸合作的空间较大，海洋产业发展的前景广阔。

该区域国家海洋产业园区布局的重点包括：

①培育海水养殖优质品种制种和遗传育种产业，依托独特的生态型海水养殖和闽台渔业合作优势，建设海产品精深加工产业园区；

②提升建设船舶修造、海洋工程装备设计研发和制造、海洋精细化工等产业园区；

③培育发展海洋药物和生物制品产业园区，建设厦门、福州、泉州等海洋药物及生物制品生产基地，推进海水淡化和海水综合利用高技术产业化示范工程；

④加强厦门港集装箱干线港建设，发挥海峡西岸港口群优势，发展国际物流业务，建成现代港航物流园区；

⑤提升特色海洋文化资源优势，培育发展海洋文化创意产业园区，加快发展游艇帆船等高端旅游度假区，打造“海峡旅游”品牌。

4. 南部南海产业园区圈

珠三角地区主要包括珠江口、北部湾、南海区域，该区域海域辽阔、资源丰富、战略地位极为重要，海洋产业的开放程度高，技术优势明显，龙头企业集中，是一个具有全球影响力的先进制造业基地和海洋现代服务业基地，更是我国保护开发南海资源、维护国家海洋权益的前哨基地。

该区域国家海洋产业园区布局的重点包括：

①北部湾地区和珠江口区域大力发展生态养殖、特色品种养殖产业园，并建设水产品精深加工基地及配套服务体系；海南岛区域则以热带休闲、观赏渔业发展为依托，建立西沙渔业生产服务园区。

②由于该区域特殊的战略地位和资源优势，应大力推进深海油气资源、海洋矿产资源开发装备研发与生产，建立深海勘探与海洋新能源开发设备制造园区，以加快技术创新，提高海洋油气开采、储存和加工能力。

③在珠江口区域发展船舶配套产业，完善产业链，提升大型船舶设计制造能力，建设广州、江门船舶配套基地。

④完善港口功能和配套设施，综合发挥珠三角港口群优势，建设面向东南亚的航运枢纽、物流中心和出口加工基地。

⑤依托独特的文化和海洋旅游资源，加快海南国际旅游岛建设和环北部湾滨海跨国旅游基地建设，开发滨海度假、海洋观光、邮轮游艇、海上运动等海上运动休闲旅游项目。

5. 中部沿江海洋产业园区圈

中部沿江地区包括湖北、湖南、江西、安徽，贯穿东西，以长江“黄金水道”为依托，区位优势、资源优势、交通优势突出，这一区域重点布局航运、船舶制造产业以及长江沿岸旅游业等海洋产业园区。

(四) 多层多类多群

“多层多类多群”即多层次、多类型、多产业集群并行发展。

1. 划分类型，提供差异化支持

不同类型的海洋产业园区的发展路径、发展需求有所不同，在设置国家海洋产业园区的过程中，应注意多类型划分，以便为园区提供差异化的支持。

根据园区的产业复杂程度，可将园区分为单一型和复合型海洋产业园区。单一型园区以具体的某种海洋产业为发展重点，如诏安金都海洋生物产业园、宁波海工装备与高端船舶基地等，这类园区的特点是规模不大、产业方向具体、导向明确，在具体行业中有一定的集聚度和竞争力，因此下一阶段的发展目标和需求较为明确和具体。复合型园区更多的是起到平台和服务的作用，园区内同时发展多个海洋产业，如天津临港经济区等，这类园区不仅需要资金、土地、创新等方面的支持，也需要有关机构和部门加强产业方面的规划与引导。

根据园区的产业结构，可进一步将园区分为传统园区、重点园区、特殊园区等类型。传统园区包括传统的百年老厂、民族企业，以及以海洋传统产业为主导的园区。重点园区包括目前发展较好较快、初具规模、发展潜力大的园区。特殊园区则包括时代特色鲜明、新兴产业导向的海洋产业园区，如特色渔港、海洋旅游服务业园区、“21 世纪海洋丝绸之路”配套园区等。对园区进行归类，有助于根据园区类型制定有针对性的扶持政策。

2. 设置层级，进行针对性管理和服务

由于目前园区的规模、产值参差不齐，产业类型多样，因此新时代国家海洋产业园区的设置应体现一定的层次性与等级性。

首先，为方便管理，按园区目前的面积与规模划分为大型园区（100 平方千米以上）、中型园区（30~100 平方千米）、小型园区（5~30 平方千米）与微型园区（5 平方千米以下），针对不同层级的园区采取不同的管理方式，在审核标准、绩效指标、评估检查频率等方面作出有针对性地设置。

其次，根据区域重点和产业类型，将海洋产业园区分为国家级、省级和地市级三个等级，采用分批认定的方式，先认定国家级园区和重要的省级园区，再逐渐扩展至地市级，以扩大园区服务范围，更好地服务地方，把政策落到实处。

（五）布局路径图

1. 第一阶段

新加坡的成功经验表明，海洋金融是海洋产业发展的重要保障和关键驱动力。目前，我国海洋金融业整体发展水平不高，也不够规范，无法真正为海洋工程产业等高风险海洋产业提供有力的资金支持。因此，第一阶段应由政府引导，在海洋金融业发展程度相对较高的天津、上海和深圳三地建设国家级海洋金融中心，分别为北部、东部、南部省份的海洋产业园区提供资金保障和发展驱动力。除了三个国家级海洋金融中心外，第一批可认定 30~40 个国家海洋产业园区作为试点，其中，北部地区重点认定海洋新兴产业园区，如海洋生物产业园区等，东部地区重点认定附加值高、外向性强的海洋产业，南部地区重点认定海洋新兴产业及服务业园区，为海洋产业结构调整定下基调。

2. 第二阶段

第二阶段（中长期），在天津、上海和深圳朝世界级海洋金融中心目标前行的同时，也开始培养其他低一等级的海洋金融中心，通过市场与政府力量的有机结合，规范和普及海洋金融业。在各地海洋金融中心能够为本地区的海洋产业园区，尤其是风险较大、投入较高的海洋新兴产业园区提供资金保障的前提下，进一步扩充和完善国家海洋产业园区的内涵和范围，根据试点情况加大认定力度，结合结构优化、区域平衡、海陆联动等原则，在沿海各地区均形成国家海洋产业园区带动、引领海洋经济发展的格局。

第七章　国家海洋产业园区申报认定及退出机制

根据国家级海洋产业园区认定条件和标准，拟申请的园区由所在地人民政府有关部门向属地沿海省、自治区、直辖市和计划单列市海洋行政主管部门提出申请，并报送相关材料，经海洋行政主管部门审查后向自然资源部申报。自然资源部根据认定条件和评定标准对园区申报进行认定和审核发布，会同相关部门加强对海洋产业园区的指导和管理。

一、国家海洋产业园区申报机制

(一) 申报条件

①符合相关规划要求，符合国家产业政策和发展布局，符合当地经济社会发展规划、土地利用总体规划、城乡规划、生态功能区划、环境保护规划、水资源开发利用保护规划和防洪排涝规划等。

②已编制完成园区总体发展规划，有明确的海洋产业定位，园区内产业应具有鲜明的海洋特色；国家级海洋产业园区应科学制定产业发展、土地利用、投融资、人才培育、科技创新、管理运行体制方面的发展规划和园区创建工作方案，促进海洋产业园区发展壮大。

③具有特色明显的海洋产业并保持平稳的增长。园区特色或主导的海洋产业突出，具有较强的竞争力和发展前景；近三年海洋产业销售收入或总产值、增加值等指标的增长率应高于行业平均水平，且保持较为平衡、持续的增长。

④具有较强的产业集聚能力和明显的规模效应。园区的海洋产业应相对

集中且已具有一定的发展规模，初步形成一个或多个海洋产业集群，具有一定数量带动力和辐射力强的龙头骨干企业，形成较为完善的专业化协作配套体系，在市场前景、开发能力、成长性和行业带动性上具有较强的优势。

⑤具有健全的组织管理机构和完善的公共服务体系。国家级海洋产业园区应具备健全的组织管理体系和专门的组织领导机构，职责明确，行政服务效率高。同时，整个园区应具备通电、通路、通信、通气、平整土地等基础设施和污水及固体废物集中处理、集中供热、管网等公用设施建设，并有投融资服务、技术研发、融资体系、人才培养、信息服务、物流系统、公共服务平台等服务体系和配套的生活服务设施。

⑥具有较为完善的创新体系和较强的创新能力。园区内具有一定数量的海洋产业技术中心、企业技术中心、研发机构，其中，国家级的海洋科研机构或国家级企业技术中心 1 家以上或省级的海洋科研机构或省级企业技术中心 3 家以上；应具备较强的自主创新能力，园区的研发投入占销售收入的比重应不低于 4%（国家另有规定标准的，按国家有关规定执行），有效发明专利拥有量居国内同类行业前列。

⑦具有较为完善的政策支撑体系。地方政府在政策、资金、科研、人才、信息、审批、用工等方面制定相应的引导政策，支持促进海洋产业发展，建立海洋产业统计监测体系，并设立相应的海洋产业投资基金，促进海洋产业发展。

⑧具备以下条件之一的，同等条件下优先支持：属于国家海洋战略布局要求的；园区内一批企业在关键技术上打破国外垄断，达到国际先进水平，填补国内相关技术领域空白的；园区内主导产业属于海洋战略性新兴产业的；园区内建立特色产业平台的，对其他园区具有重大示范作用的。

（二）申报程序

国家海洋产业园区的申报程序分为直接授予和逐级申报两种情况。

1. 直接授予

对于符合国家海洋产业园区认定要求，产业发展规模较大，具有独特的产业优势和不可替代的行业地位的海洋产业园区，通过国家海洋产业园区领导小组组织专家考核和评估后，由自然资源部直接授予"国家海洋产业园区"称号。

对于符合国家海洋强国战略部署，虽海洋产业发展规模较小，但海洋产业资源丰富，区位条件优越，专业化水平高，具有特色和很强的发展潜力的产业园区，由国家海洋产业园区领导小组组织考核和评估后，直接授予"国家海洋产业园区"称号(图 7-1)。

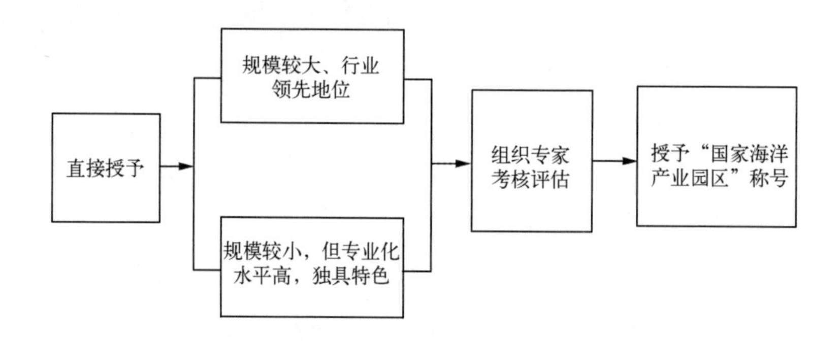

图 7-1　直接授予国家海洋产业园区流程示意

2. 逐级申报

其他不属于直接授予范围的产业园区，各市、县(区)人民政府作为国家海洋产业园区的申报主体，按自愿申报的原则，逐级提出申请(图 7-2)。

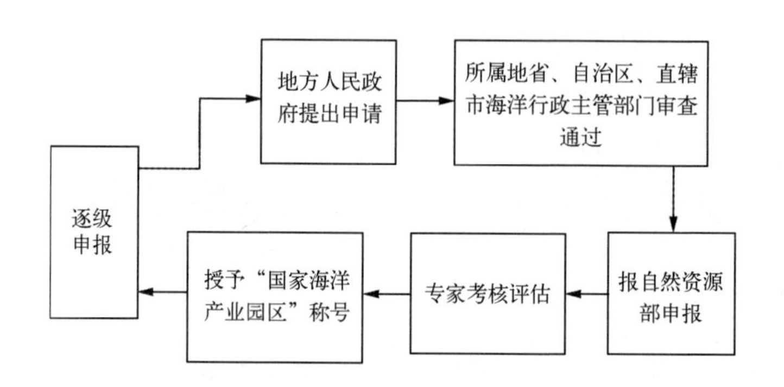

图 7-2　逐级申报国家海洋产业园区流程示意

二、国家海洋产业园区认定机制

(一)认定原则

①认定评价指标的选择要具有指导性，能够引导海洋产业园区的发展方向。通过认定指标，能够引导和促进国家海洋产业园区充分发挥示范、辐射和带动作用，促进国家海洋产业园区成为国家以及区域新的经济增长点。

②指标设置要遵循可操作原则，一方面要求以海洋产业园区客观事实为基础，指标数据易于获取；另一方面要求与国家相关的现有统计指标体系相互衔接，以符合指标的标准化原则。

③指标体系制定的科学性，以科学的统计理论、管理与决策理论及其数学模型为依据，确保评价的基础数据科学性和真实性，从而使评价结果更加公平、公正。

④指标设定采用可统计的定量指标为主、定性指标为辅的原则，能够定量的内容采用定量指标，无法定量的指标则采用定性指标进行分析。

⑤指标的动态性。评价指标的选择要做到动静结合，既能体现目前海洋产业园区的发展现状，也能通过长期观察和分析，不断筛选出更科学的评价指标，根据实际情况适时修改指标体系，以适应区域经济不同阶段的发展目标需要，实现对海洋产业园区发展状况的动态监测。

(二)认定指标

①园区基本情况指标：主要包括园区的名称，区位，规划面积、批准面积及建成面积，园区产业发展定位等。

②海洋产业发展与集聚效应方面的指标：园区总产值，园区海洋产业总产值及增加值，海洋产业企业数量(已有企业数、近期拟建企业数)，企业年销售收入或总产值，海洋产业就业人数；骨干企业数量，主要特色、

优势产业情况如企业数、产业销售收入或总产值等。

③创新能力方面的指标：包括技术研发人员数量、研发机构数量、国家级或省级企业技术中心或研发机构主要情况、产学研合作情况、研发经费情况(数量及其占销售收入比重)、研发成果数量(如专利申请数、专利授权数等)、技术成果转让、转化或产业化情况。

④园区发展规划及创建工作方案主要内容，如发展规划目标及主要内容，创建工作方案要点等。

⑤园区发展贡献方面的指标：主要包括海洋产业园区发展对地方产业发展、海洋经济、经济社会发展及就业方面的贡献等。

⑥产业发展环境：政府支持情况(如是否成立专门领导机构、出台相关配套保障政策、给予资金支持等)，基础设施建设情况，公共服务机构情况。

⑦基础设施及配套能力指标：包括累计固定资产投资、供电能力、供水能力、供燃气能力等。

⑧人力资源及社会责任指标：包括园区从业人数、就业增长率、园区从业人员学历职称、社保覆盖率、社会保障和就业支出等。

⑨环境保护及节能减排指标：包括建设项目环评执行率、园区规模以上企业通过 ISO 14000 认证率等。

(三)审核发布

由自然资源部海洋战略规划与经济司牵头组织有关专家，根据国家级海洋产业园区的认定条件与评定标准，对申报的园区进行实地考察和评审。评审通过后，报自然资源部批准发布。批准发布的园区，由自然资源部授牌“国家级海洋产业园区”。

三、国家海洋产业园区退出机制

为推进对国家级海洋产业园区的动态管理，促进优胜劣汰，需进一步严格把控国家海洋产业园区命名标准，完善退出机制，从而更好地发挥园区在海洋产业发展中的重要载体作用。自然资源部负责组织考核评价工作，会同相关部门加强对海洋产业园区的指导和管理。

（一）完善考核制度

改革完善考核评价制度，制定国家级海洋产业园区综合发展水平考核评价办法，明确审核要求，科学设计指标体系，引导国家级海洋产业园区不断改善和优化投资环境，树立国家海洋产业园区典型范例。园区每年定期应将上一年工作总结和本年度工作计划逐级上报至所在省、自治区、直辖市和计划单列市海洋行政主管部门，并报自然资源部备案。

（二）加强动态管理

国家级海洋产业园区认定后每满 3 年，由自然资源部组织专家对园区建设和实施情况进行检查评估，检查评估结果将作为园区继续认定的依据。评估不合格的，责成限期改进，经整改无效的，将被取消“国家级海洋产业园区”称号，并予以摘牌。

第八章　国家海洋产业园区管理体制

国家海洋产业园区的可持续发展离不开园区管理体制的完善，应从海洋产业园区的治理结构与经营模式、规划管理、投融资管理、风险管理以及区域合作管理等方面入手，探索建立与国家海洋经济发展相适应的国家海洋产业园区管理体制与机制。

一、国家海洋产业园区治理结构与经营模式

从开发区的管理模式上看，海洋产业园区可分为行政主导型、公司治理型和混合型三种管理模式。

（一）确立园区治理结构的原则

选择和确立园区治理结构是园区规划、建设和管理的核心问题。应鼓励和支持各个园区根据自身发展条件与园区功能定位选择和确定合适的治理结构，形成全国多元多样、相互补充的园区治理模式。园区治理模式的确立要坚持三个“有利于”。

首先，园区的治理模式要有利于对外开放和吸引外资、技术。管理模式是不断适应开放、开发的需要，促进区域经济快速发展，当随着园区发展环境、发展阶段有所变化时，及时对管理模式进行调整，对不符合园区经济发展的部分予以改善，为园区经济发展提供更好的服务。

其次，园区的管理模式要有利于城市化发展。先进的园区管理模式能够带动和促进区域社会经济的全面协调发展，加快周边区域的城市化进程。因此，国家海洋产业园区的发展是否能够给区域人口生活水平带来实

质性的提高，是否有利于促进区域城市化建设是衡量园区管理模式优劣的一个重要标准。

最后，园区管理模式要有利于海洋产业结构调整和升级。受全球经济增速放缓的影响，我国传统的资源和劳动密集型产业发展日益艰难，存在发展不平衡、产业结构趋同等问题。国家海洋产业园区通过管理模式的设计，使园区能够充分利用自身发展优势，建立起以企业为核心的创新体系，加大科技创新力度，推动传统产业的技术转化和优化升级，为海洋产业的转型升级提供有力支撑。

（二）三种园区治理模式

根据我国产业园区发展的经验，海洋产业园区主要采取三种治理模式。

1. 政府主导型模式

政府主导的园区由于自身缺乏优势特色，发展条件不充分，因此由政府的力量推动发展，由政府统一进行规划指导、园区建设资金筹措和投资建设。这种模式的优点是能够集中统一管理，园区的发展能够符合规划的总体布局与要求性；缺点是开发建设全部依靠政府财政支持，对地方财政造成较大压力，容易出现资金问题，同时缺乏灵活性和创造性，且活力不足，甚至可能造成资源浪费。

2. 市场主导型模式

此类园区是政府授权企业，自筹资金进行园区的开发建设、运营管理工作。市场主导型园区要求所在地区的宏观环境较好，市场体制比较完善，金融服务体系完善。此类模式的园区能够有效利用民营资本，资源配置较为灵活，市场竞争力较强。

3. 混合型模式

混合型模式的海洋产业园区将政府和市场两种力量充分结合，既能体现政府主导模式下集中统一和权威性强的优点，同时也能充分发挥市场机制的作用，使园区具有灵活性和创造性，进一步加强园区的竞争力。

（三）五种园区经营模式

与三种园区治理结构相应，海洋产业园区在具体经营运作上主要有五种模式。

1. 政府运作模式

政府运作模式与政府主导型园区是不同概念，但是有一定的关联，政府主导型管理模式下的园区较多采用政府运作模式。政府运作模式的园区由政府主导，进行投资开发建设，为入驻园区的企业提供各项服务并收取服务费，同时政府部门也会根据园区发展情况以及企业状况给予一定的优惠政策。政府运作模式适合于规模较小、管理相对简单的园区。

2. 投资运作模式

投资运作模式是由政府投资进行园区的规划、开发和建设，然后通过园区房屋租金、固定资产等作为合作资产，投资孵化具有一定潜力的中小企业，在企业获得成长后引入外部战略投资者或上市，实现资产增值并收回投资。这种模式属于长期投资，园区在短期内很难有所回报，但是对于区域经济和园区的发展具有很强的推动力。

3. 服务运作模式

随着园区经济的不断发展，企业对园区的要求不仅限于投资需求，还需要园区能够提供更好的服务和环境，这就为服务运作模式的园区发展提供了基础。园区为入驻企业提供技术性服务、企业发展服务、金融服务、人力资源服务、法律咨询服务、网络服务、培训服务等，通过个性化、有针对性的服务，为企业提供更好的发展环境，强化了园区与企业的合作，同时也拓宽了园区的收入渠道。

4. 土地盈利模式

随着我国土地增值盈利能力的增强，一些园区通过收储控制土地资源，进行初步的开发建设，使得土地价值在短期内得到迅速提升，随后进行房地产开发或转让。这种运作模式的盈利能力非常强大，为园区后期开发建设奠定了资金基础。

5. 产业运作模式

随着国家产业结构的不断转型升级，产业链的上下游企业对园区的要求不再只是停留在基础服务的层面，还要求园区要形成产业集群的效应，希望园区能够培育和依靠龙头企业的联动效应，形成一个完整的产业链，为园区企业的可持续发展提供保障。这就要求园区能够贴近市场前瞻性需求和科技研发技术的前沿，准确把握地方经济转型升级的着力处，培育出特色优势性产业，从而推动整个园区的发展。

（四）国家海洋产业园区治理与经营的思路

海洋强国战略对海洋产业园区转型升级和产业园区管理模式创新提出了更新、更高的要求，坚持管理模式市场化、服务化、模式化的方向，树立市场主导和服务政府观念，完善相关法律与组织体系，重视管理技术和手段的创新，对于实现海洋产业转型升级和管理模式创新具有重要意义。因此，我国海洋产业园区的治理与经营可以借鉴如下思路。

1. 转变管理观念，树立服务意识

海洋产业园区的综合管理工作由政府派出机构——园区管委会负责，拥有征地、园区规划、项目审批、劳动人事关系等行政管理权限，以及财政、融资、宏观经济调控等经济管理权限。因此，管委会的管理理念及模式对园区的发展壮大起着至关重要的作用。园区管委会需要在转变政府管理职能的新形势下，创新管理理念，树立服务意识，实现管理型政府向服务型政府的转变。同时，应提高管委会工作人员的质量效应意识，精简政府机构，注重管理人才的培养，提高工作能力、办事效率与服务质量。

2. 创新管理制度，推动园区发展

法律制度、市场机制、企业组织制度与社会文化制度是影响国家海洋产业园区可持续性发展的重要因素，园区通过管理制度的创新，处理好上述因素之间的关系，对于推动园区经济发展与地方社会进步起着巨大作用。国家海洋产业园区的管理需要注意处理政府与市场间的关系，尊重市场规律，使市场在资源配置中充分发挥作用，与此同时，政府可以通过制定相关法律、法规，加强监督管理，保障市场经济运行环境的公平、公正，维护财产安全、知识产权、收入公平等权益，提高社会组织的自我管理能力，保护社会生态环境。坚持政企分开、政事分开、政社分开、自主经营、自负盈亏的原则，转变园区管理机构直接操纵经济运作、管理企业的传统作风，完善以间接调控、宏观调控为主的园区管理制度，切实发挥市场作用，促进企业独立性、自主性的实现。

3. 完善市场机制，带动经济进步

在改革开放与社会主义市场经济体制下，国家海洋产业园区需要满足国内外各种经济主体与经营方式的发展需要。园区在发展过程中应注意加强对外交流，促进国际贸易交易，利用国际资源与经验，实现优势互补，同时充分调动国内民间资本与力量，重视培育金融、信息、技术、人力等要素市场，实现海洋产业园区的国际化经济交往、市场化资源配置、法制化经济运行、科学化经营管理、多元化投资融资相结合的新型管理模式。

4.“小政府、大中介”，提供配套服务

国家海洋产业园区应以“小政府、大中介”为原则，充分调动民间力量，作为政府服务的合理补充，共同推动办事效率与服务质量的提高，带动园区经济发展。通过在园区内设立中介服务机构与行业协会，将管委会的一部分行政职能授予律师事务所、会计师事务所、资产评估机构、审计事务所、信息咨询机构等中介组织，直接向企业提供评估、咨询、媒介、仲裁、公证等社会服务，降低政府成本，减轻政府负担。同时，引进职业介绍与培训、劳动争议仲裁等机构，维护劳动者权益，调整劳资关系，提高员工工作积极性与能力。

5.“小管理、大服务”，加强封闭式管理

国家海洋产业园区的运行应以“小管理、大服务”为目标，按照精简统

一、权责一致、注重效能的原则，在确保服务质量与水平的基础上，精简机构规模。园区管理机构的相对独立性决定了其部门设置具有较强的弹性与灵活性，可以根据园区自身发展需要，设立规划建设、经济发展、社会事务等部门，但均应遵循精简原则，缩减部门规模，确保权责统一，注意避免部门间职能重叠、互相推诿的问题，提高办事效率，也有利于减轻工作人员负担，提高专业化服务水平。海洋产业园区可以在园区管理机构的统一领导下，弱化直接行政管理，通过推动园区标准化建设，完善园区基础设施，规范收费管理，实行税费减免，健全税务、工商、审计等一站式服务体系，强化服务职能，加强宏观协调管理，初步实现封闭式管理[16]。

综上所述，国家海洋产业园区的治理与运营应该与国际惯例接轨，与市场经济相适应，坚持走“小政府、大中介”与“小管理、大服务”相结合的管理之路。管理模式要与功能定位相匹配，管理模式的运行需符合市场经济规律的要求，由市场进行资源配置，由事业单位、群众组织及中介机构提供社会服务。推动社会中介组织与行业协会的发展，把众多的、具体的经济服务、社会协调事务委托给中介机构。园区创新服务方式与途径，提高政府管理的质量和效率，最大化政府工作的便利性，提高行政管理工作的规范化、制度化、科学化程度，推动国家海洋产业园区的可持续发展。

二、国家海洋产业园区规划管理

我国产业园区经历了这些年的建设发展，不断集聚，园区经济对拉动区域经济快速发展起了重要的作用，是城市发展新的重要“增长极”。随着我国逐步向市场经济转型，新常态下产业园区的发展环境与科技背景有了明显不同，产业园区发展已经进入了一个转型的关键时期，我国的产业园区规划管理已经不能沿袭早期的模式，如何通过规划来实现园区的融资融智，引领园区经济社会实现自我造血循环和智慧发展是海洋产业园区规划管理的关键所在。

(一)我国产业园区规划发展经验

1. 我国产业园区规划存在的问题

通过对我国产业园区的现状进行分析，目前我国产业园区规划存在着以下几个问题。

第一，地方政府在没有经过科学论证和报批手续的情况下盲目兴建产业园区，产业结构趋同，布局不尽合理。

第二，在园区规划过程中过分重视布局的外观性，而实效性考虑不够充分。由于缺乏合理招商引资方向与方法，园区建成后，很多管理机构只能通过许诺优惠政策来争抢投资者，造成园区发展的恶性竞争与循环，导致园区经济发展效应不佳。

第三，同质性现象严重。由于未经科学合理的考察与论证，产业园区定位不清，缺乏特色优势，园区内部功能单一，造成“千区一面”的后果 。企业之间没有形成完整的产业链，企业之间相互关联度不高。

第四，基础设施配套力量薄弱，服务性较差。由于很多地方政府经济实力有限，其公共资源的综合配套水平较低，很难满足投资者的需求。

第五，我国园区规划的内容多重视总体规划、控制性详细规划等空间层面，对于产业规划的重要性认识不足，导致园区发展缺乏产业引领。产业园区的规划应突出产业的重要性，需要在整个规划编制过程中对园区的产业定位、产业发展目标、主导产业选择以及产业链构建进行深入研究，这是编制空间规划的前提和基础。

2. 产业园区规划的基本经验

随着我国经济的不断发展，我国产业园区也在不断转型，朝着综合化方向发展，在园区类型、园区功能、园区主导产业、园区市场需求等方面展现出了不同于以往的新的特征。因此，园区的规划也应有所转变，来适应园区发展的新特征[17]。

第一，园区规划战略性。在产业园区建立之初，设立的各种类型园区之间功能定位不同，以满足各种形式的产业发展的需求。经过这些年的发展转型，各种类型的产业园区的功能不断趋同和融合。在这样的形式下，园区规划就不能依照传统的规划形式单纯地就园区而论园区，而应站在全球化和区域协同发展的角度进行园区战略研究和定位。

第二，园区规划功能多样性。在以往的园区规划中，只是从产业发展的角度考虑园区的功能，仅仅是把园区作为工业发展的集中区域，而忽略了园区对购物、餐饮、娱乐、文化、医疗等服务功能的需求，使得产业与城市功能相分离。随着经济全球化和产业融合发展，园区规划要不断调整以适应园区发展的趋势，以产城融合理念为指导，在规划中考虑园区功能的综合性，以产业新城的概念进行产业园区规划，从而满足园区规划功能多样性的要求。

第三，园区产业规划的深度化。随着我国园区经济的发展、转型升级以及集群化的发展，新型的产业园区逐步形成，这就对园区产业规划的深度有了更高的要求，必须深度把握园区发展的集聚本质，理清产业链条，分析所有价值链环节的价值效应、市场空间、发展潜力和要素需求，识别不同产业链环节中的主角和配角，找到园区重点吸引的产业环节、重点支持的产业环节和重点配套的产业环节；针对不同重点产业甄别重点招商对象，找准招商对象与园区发展的利益耦合点，制定相应的招商策略，这就需要从“详细规划”的角度编制产业规划。

第四，园区招商的前置化。传统的产业园区招商往往通过压低园区土地价格、使用税收优惠政策等方式吸引企业落户，然而通过这种方式引进的企业，有的并不是园区真正需要的企业。园区在规划时没有考虑到招商引资企业的特点，从而影响园区经济的健康发展，造成了规划的失真和浪费。在这种形势下，园区必须在招商引资理念、方法上作出相应的调整，招商要前置于园区规划编制之前，让市场提前于规划进入园区的建设中，以符合园区发展的企业需求为导向，考虑园区的产业定位、空间布局以及主导产业选择，这就使得投资者贯穿在整个城市规划建设的系统中，从而达到地区、政府与投资方利益的“三赢”。

第五，强调园区规划与投融资规划结合。随着我国市场经济的发展，产业园区的开发与建设也需要市场机制的引入。由于很多产业园区在开发建设中缺乏资金，造成了园区的发展瓶颈。目前，我国政府也逐渐将BT、BOT、PPT、PPP等模式运用到园区开发建设中去，通过开发商整体运作的模式，解决园区建设的瓶颈问题。园区建设的市场化要求产业园区在规划编制过程中加入投融资规划的内容，对园区建设发展过程中所需的投融资途径进行系统的规划和研究。

（二）海洋产业园区规划概念与体系

1. 海洋产业园区规划的定义

海洋产业园区规划是对海洋产业园区产业发展定位、空间发展布局、土地利用开发、招商引资、运营管理等问题的研究分析，是指导海洋产业园区开发建设和运营管理的行动纲领，决定着园区建设的规模、发展方向和质量。

2. 海洋产业园区规划体系

海洋产业园区规划体系的建立分为两个角度，一是面向对象的角度（即横向角度），二是面向过程的角度（纵向角度）。

（1）横向体系——系统规划层级体系

为了符合我国产业园区发展的特点和趋势，我国海洋产业园区规划要建立起系统规划体系，需要将海洋产业园区战略规划与园区空间规划相结合，将空间规划与投融资规划相结合，将资源配置空间规划与重大项目策划相结合，同时在规划过程中统筹考虑重点项目策划和投融资规划，打通城市设计和景观规划等工程建设规划，对接土地利用规划，实现项目落地，从而实现通过规划融资融智，促进园区健康发展（图8-1）[18]。

①战略规划为指导。园区战略规划是对园区所做的全局性、长期性、决定全局的谋划。园区的战略规划关注对园区整体和长远发展具有影响力的问题，主要是对园区经济发展整体策略、空间发展总体布局、园区基础

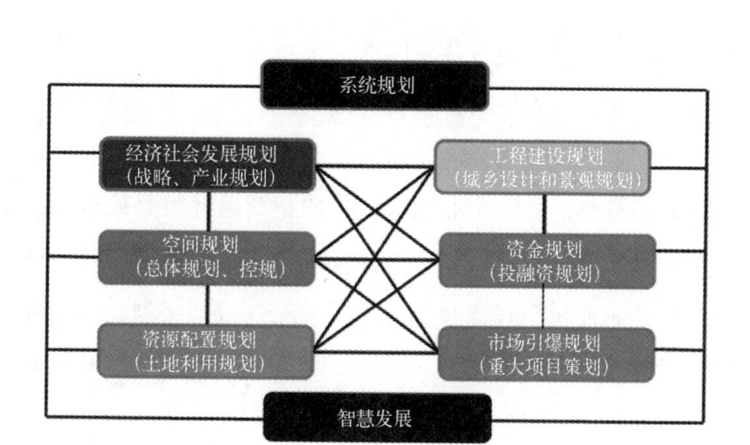

图 8-1　系统规划示意

引自沈体雁、张丽敏、劳昕：《系统规划：区域发展导向下的规划理论创新框架》

设施建设方案等问题进行研究。战略规划从全局的、区域的角度出发进行研究，旨在得出如何使园区在一定的区域内获得更多的资源及优势，从战略的尺度上研究园区发展的优劣势，分析园区发展过程中存在的问题，并寻求发展策略，提高海洋产业园区核心竞争力。

②产业为本为支撑。园区产业规划是运用各种理论分析工具，根据园区的实际情况，对产业发展进行定位，对产业体系、结构、布局、实施方案等进行合理规划。合理的园区产业规划能够为园区的发展起到导向性的作用，同时也具有一定的实际操作性，能够对产业发展方向和产业发展布局进行统筹规划。园区产业规划主要需要解决园区产业“发展什么、怎么发展、在哪发展”这三个问题，是系统规划的核心主体内容之一。

③园区空间规划。园区空间规划内容包括空间布局和空间政策，其作用在于对园区空间发展的引导和控制。空间规划主要是对园区土地的用途做了空间上的安排，是产业园区发展政策的体现和表达。空间规划直接决定了产业园区的空间形态特征，是园区发展和实施规划建设的空间法律保障。因此，空间规划也是决定系统规划能够贯彻落实的一个重要条件，是系统规划的核心内容之一。

④园区重大项目策划。以园区的产业规划内容及体系为基础，进行园

区重大项目策划，旨在通过打造园区的龙头企业和品牌企业，带动园区跨越式发展，对于园区的发展具有重要的影响力。通过重大项目的策划，可以为园区未来产业发展确定方向，是园区产业体系构建的关键要素。

⑤园区招商规划。我国产业园区传统的招商途径就是通过提供土地和税收等优惠政策来吸引企业入驻，这种模式导致了很多企业并不适合园区的定位和发展，企业虽然在空间上形成了一定效应的集聚，但是并不能形成很好的产业链和内部互相促进。园区的系统规划通过对园区产业发展目标及定位的分析，引导市场资金和园区项目的精准高效对接，推动政策招商专项规划招商，使园区招商从偶然招商向必然招商转变，促进园区经济的健康持续发展。

⑥园区投融资规划。传统的园区规划由于缺乏投融资规划，园区建设中的资金问题导致园区规划无法落地。园区投融资规划是以规划为基础，以科学落实园区发展战略为目标，以园区建设中各类基础设施、公共服务设施等项目的投资、融资、建设工作为对象，系统分析了园区建设中的资金来源、投向和投放顺序、回报方式等问题。投融资规划是保障园区规划顺利实施的重要条件。同时，园区建设开发区域大、资金需求量大、项目复杂程度大，因此对园区进行投融资规划有利于统筹资金安排，规避资金风险，提高资金使用的有效性。

(2)纵向体系

纵向体系是指园区在规划过程中需要统筹考虑园区规划中涉及的各方面内容，并遵循科学合理的步骤。

①园区规划目标的确定涉及不同利益的群体，因此需要对不同的价值进行判断和整合，同时协调各方利益不同造成的矛盾和冲突。

② 园区规划决策是规划成果合法化的一个关键步骤，需要对规划方案进行比较与选择。比较与选择的内容包括技术可行性、经济可行性、政治可行性、行政可行性等方面。

③园区规划的实施管理按照法定程序编制和批准的园区规划，依照国家和各级政府颁布的有关法规和规定，对各项建设活动进行统一安排、控

制和审查，引导各项建设活动有序协调发展，以确保园区规划的目标得以实现。规划实施管理要通过社会和科学两个角度进行，不仅要在实施过程中信息公开透明，充分发挥群众的力量，同时也要采用先进的技术及时对园区实施管理。

④园区规划的监督与反馈。其是园区得以贯彻实施的制度保障，而现行的园区规划管理过程中，监督者与被监督者为同一主体的现象经常存在，这是影响规划实施落实的重要原因之一。因此，要重视公众参与，建立有效的监督和反馈体系，有效增强监督效果。

（三）海洋产业园区规划编制的一般程序

通过梳理和总结国内外产业园区规划经验，本章提出了海洋产业园区规划编制的“五步法”（图 8-2）[19]。

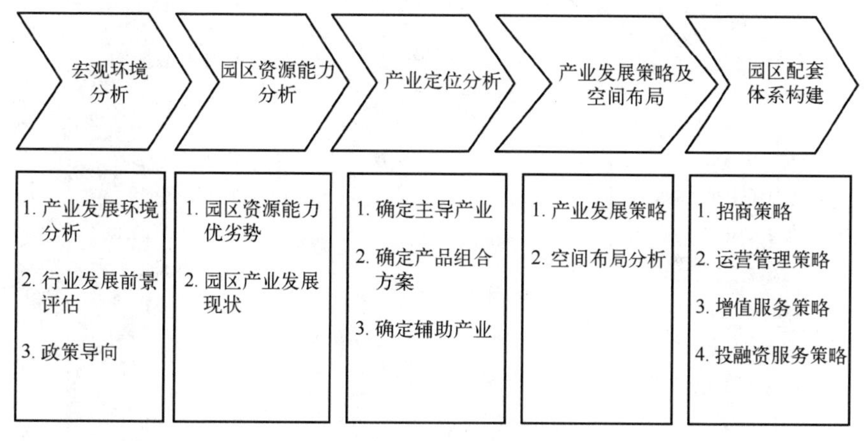

图 8-2　产业园区规划的“五步法”思路

引自王启魁：《产业园区规划思路及方法——基于国内外典型案例的经验研究》

1. 宏观环境分析

运用 PEST 模型等技术，对园区发展所面临的政治、经济、社会、技术等宏观层面的各种影响因素展开研究，判断园区发展必须紧密跟随的大趋势，从而能够抓住机遇和做好准备迎接挑战，同时尽量规避可能的风险，使园区能够健康发展。

宏观环境分析主要包括以下几点内容。

第一，宏观环境现状分析。宏观环境分析首先是了解园区发展现状，园区内企业相关领域现状、园区所处行业现状以及行业产业链现状等。

第二，宏观环境的影响因素分析。通过分析研究找出影响园区发展的因素，这些因素对园区的重要性以及是如何产生影响力的。

第三，未来宏观环境会怎样。宏观环境分析不但要了解园区所处环境的现状，而且要能够对宏观环境未来发展的趋势和动态有一个基本的判断和预测，这样才能有利于园区更好地进行战略选择，抓住机遇和规避风险。

园区宏观环境分析一般包括政治、经济、社会等方面的环境分析，具体而言，可以从产业发展环境分析、行业发展前景评估和政策导向三个方面进行分析(图 8-3)。

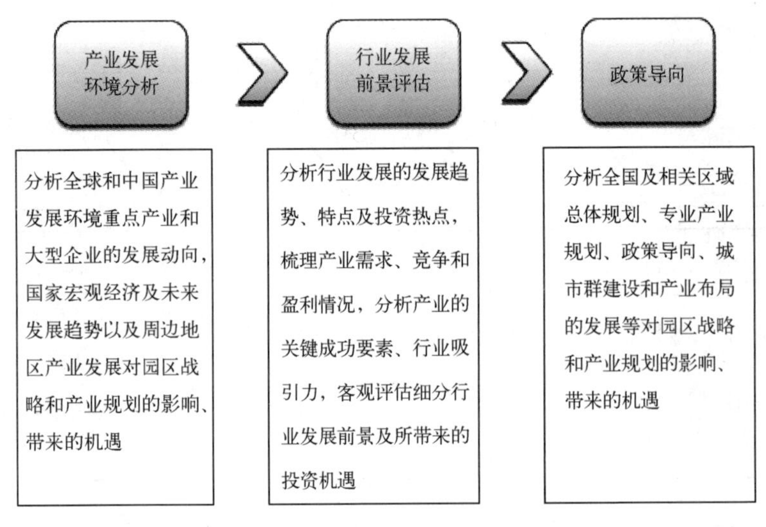

图 8-3　产业园区的宏观环境分析

引自王启魁：《产业园区规划思路及方法——基于国内外典型案例的经验研究》

2. 园区资源能力分析

园区资源能力分析应用 SWOT 分析法、数据封套分析等工具，从土地、资本、技术、人才、产业、环境等要素出发，通过与竞争对手、标杆园区的比较分析，评估园区产业发展所存在的优势和劣势，识别园区产业发展所面临的机遇和风险。园区资源能力分析有助于园区制定有针对性的战略，充分利用园区的优势资源，发挥特长，同时采用策略改进劣势方面。

3. 产业定位分析

在完成园区宏观环境和资源能力的分析后，以问题树、头脑风暴、情境分析、德尔菲等定性分析方法为基础，在多层次分析、模糊多目标决策模型等定量工具的帮助下，进行目标产业的定位和选择，确定园区产业发展的功能定位，确定园区的主导产业、支柱产业、机会产业和配套产业。

产业定位分析是园区规划中非常重要的环节，它关系到园区发展的成败。很多园区由于产业定位不清或定位不合适，引进企业不符合园区发展要求，制约了园区的健康发展。产业定位分析主要有以下几个步骤。

(1)确定主导产业

主导产业在园区经济发展中起着主导型的作用，主导产业的培育和发展被认为是一个园区产业结构升级和实现园区发展的关键。确定主导产业是进行产业定位的最关键部分。

主导产业具有以下几个特点：第一，能对其他较多的产业起带动和推动作用，是产业链中关联度较大的产业；第二，具有阶段性，受到园区资源、制度等条件的约束，根据影响因素的变化而不断转化；第三，具有多层次性，主导产业既要解决产业结构合理化，又要解决产业结构高度化，因此主导产业是一个产业集群，呈现多个层次的特点。

(2)确定产业组合方案

产业组合分析有助于园区企业了解和把握不同环境及阶段下产业的特殊需求，有利于了解产业演变规律和变动趋势，帮助企业准确定位和把握不同阶段与不同环境条件下产业的特殊需求。

(3)确定辅助产业

辅助产业是在产业结构系统中为主导产业和支柱产业的发展提供基本条件的产业，它是主导产业发展的基础。产业组合方案确定后，为了更好的发展主导产业，需要恰当地选择辅助产业作为支撑，以便发挥主导产业的引导作用。辅助产业分为上游产业、下游产业和侧向关联产业三种类型。

4. 产业发展策略及空间布局

(1)产业发展策略

在明确了主导产业、产业组合方案和辅助产业后，首先需要根据园区产业发展条件和发展定位，选择不同的发展模式。其次要设计园区产业的发展路径，找准产业的差异化和特色，不断放大自身优势，快速突破产业窗口期。再次是瓶颈突破，应用问题树和数据封套分析等方法，识别园区产业发展的资源瓶颈，整合政府资本、产业资本和金融资本，以大推动模式快速突破资源瓶颈。最后是进行园区产业集聚管理。把握园区产业发展的集聚本质，通过公共平台、创新体系、产业组织、企业网络的耦合设计，提升园区产业的集聚力和辐射力，实现对产业集聚的有效管理。

(2)空间布局分析

空间布局是产业生产力在园区的空间分布和组合结构，空间布局的合理与否影响着园区经济优势的发挥和园区经济的发展速度。产业空间规划要根据产业布局相关理论，充分发挥各产业优势，使得空间资源得到充分利用和合理配置，促进产业协调发展。

5. 园区配套体系构建

园区的配套设施包括生产配套设施、市政公用配套设施、生活配套设施及其他相关服务设施。在产业规划和空间布局基础上，要根据产业园区的现状和园区企业的需求，合理构建园区配套服务设施，以促进园区的全方位可持续发展。以产业链为基础，通过基础服务和增值服务两个板块，打造园区服务平台(图8-4)。

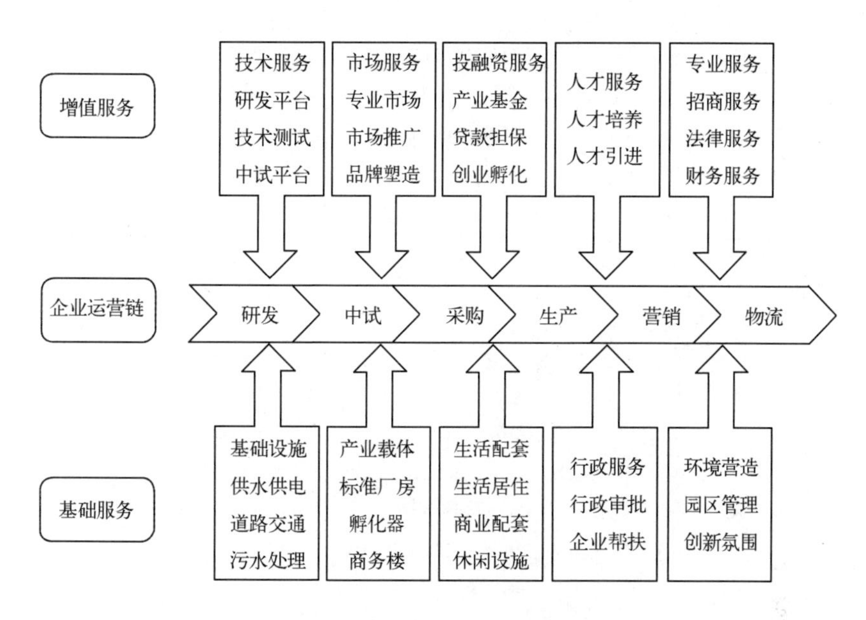

图 8-4　产业园区配套服务体系

引自王启魁:《产业园区规划思路及方法——基于国内外典型案例的经验研究》

(四)产业园区规划方法

在产业园区规划的过程中，需要结合实际情况，采用合理的方法进行规划分析，使规划达到最优化。

1. PEST 分析法——宏观环境分析

PEST 分析是指对宏观环境的分析，P 表示政治(Politic)，E 表示经济(Economic)，S 表示社会(Social)，T 表示技术(Technological)，在分析园区所处的背景时，通常用这四个因素分析园区所面临的状况(图 8-5)。

政治要素是指对园区建设发展具有实际影响或潜在影响的政治力量，以及有关的法律、法规等因素。经济要素是指国家或地区的经济制度、经济结构、资源状况、经济发展水平等园区发展的影响因素。社会要素是指园区所在区域人口的文化、民族、价值观念、宗教信仰、教育程度以及风俗习惯等。技术因素不仅包括革命性的发明创造，还包括与园区产业发展相关的新技术、新工艺、新材料的出现和发展趋势。

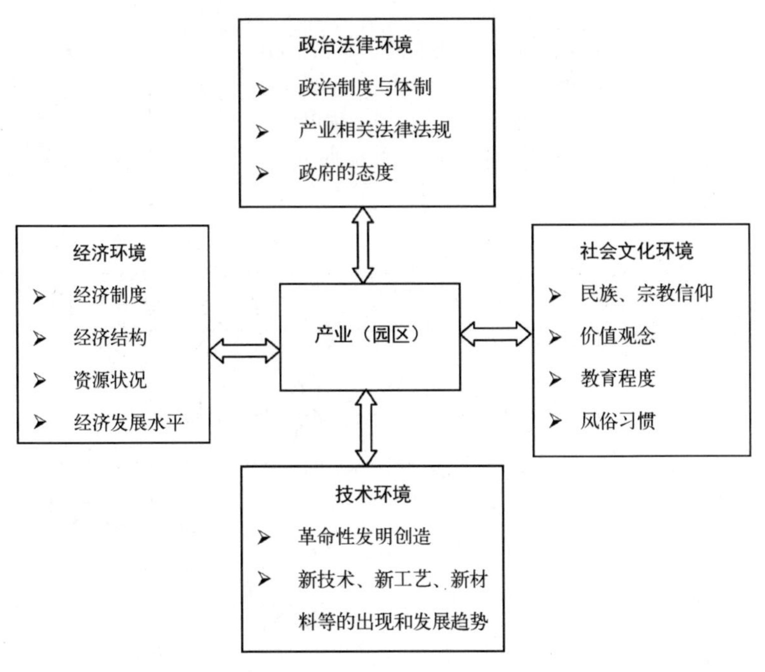

图 8-5　产业园区的 PEST 分析法

2. SWOT 分析法——内部资源分析

SWOT 分析法是用来分析和研究企业内部优劣势及面临的机会和挑战，从而将企业内部资源与外部环境结合起来的一种科学分析方法。在园区规划中，SWOT 分析法可以用于园区内部资源分析。其中：S 代表优势（Strength），可以从园区经济发展优势、区位优势、交通优势、产业发展基础、政府资源优势、土地优势、资金优势、环境优势等方面分析；W 代表劣势（Weakness），可以从技术、人才、资源、体制、规模、创新能力等方面描述园区所面临的劣势和短板；O 代表发展机遇（Opportunity），可以从国家战略及政策、区域经济发展形势、重大项目建设等方面分析园区所面临的机遇；T 代表威胁（Threat），可以从国际、国内、区域环境，人才、资源环境、区域竞争合作态势等方面分析园区面临的威胁。

3. 产业价值链微笑曲线

当前世界经济格局与产业分工正在出现新一轮的重组，我国产业园区的发展需要尽量争取高端资源，在高附加值产业区块站稳脚跟，也需要在园区的规划与发展中做到空间和服务平台的适应性。

如图 8-6 所示，微笑曲线的两端朝上，一个产品从设计、零部件组装到规模化制造与组装、市场营销、售后服务等环节形成了一个完整的产业链，在产业链中，曲线两端位置是附加值较高的环节，而制造组装等属于附加值较低的部分。

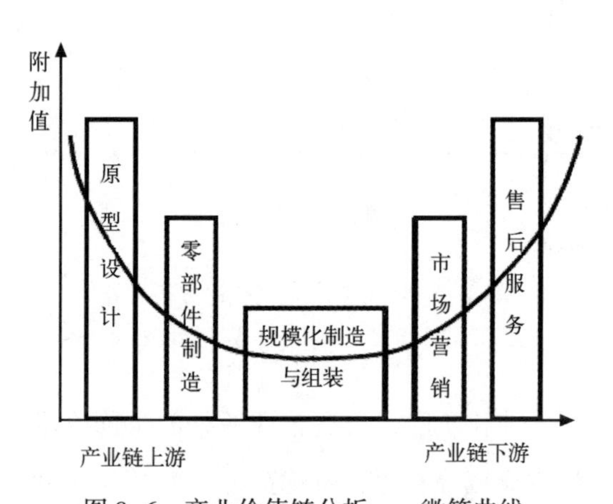

图 8-6　产业价值链分析——微笑曲线

引自王启魁：《产业园区规划思路及方法——基于国内外典型案例的经验研究》

当前世界制造产业的利润价值低，全球性供过于求，因此在园区规划中，要使园区产业朝着微笑曲线的两端发展，需要加强研发以及售后服务等。在使用微笑曲线分析园区产业发展时有两个要点：一是要找出附加价值点；二是要了解产业竞争形态。

4. 企业生命周期理论法

企业生命周期是指企业的发展与成长分为不同的阶段，包括发展、成长、成熟、衰退等。企业生命周期理论目的在于通过研究企业不同周期阶段，找到能够与其阶段发展特点相适应的组织结构、管理方式，使得企业能够在各发展阶段充分发挥优势，从而实现可持续发展。企业生命周期理论的分析思路如图 8-7 所示。

产业园区在规划编制过程中，不仅需要考虑园区自身利益，还需要考

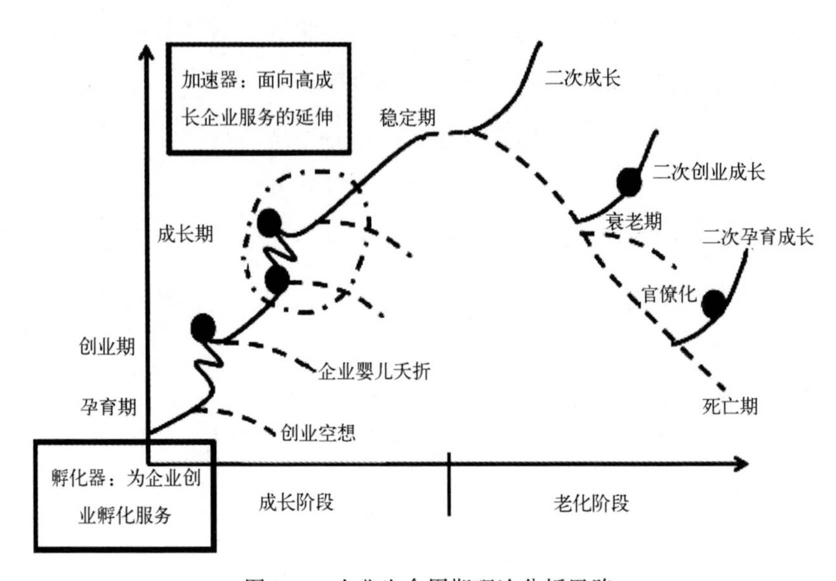

图 8-7　企业生命周期理论分析思路

引自王启魁：《产业园区规划思路及方法——基于国内外典型案例的经验研究》

虑产业园区内企业的成长阶段，根据企业所处的不同阶段，提供不同的政策环境与服务，使企业充分发挥自身优势，不断成长发展。园区提供良好的服务是企业健康发展的关键因素，在园区规划过程中需要多关注这一点，要根据企业的成长需要，提供一个良好的服务平台和功能，对不同发展阶段的企业提供不同的关键服务。

5. 搭建多层次的投融资服务平台

当前，海洋产业园区的融资以传统的财政资金、信贷融资方式为主，缺乏新型融资方式的广泛运用。各类金融机构对金融产品的创新动力不足，难以满足海洋产业的多元化融资需求。因此，在园区规划编制工程中，需要灵活整合金融市场上的各种资源和渠道，针对不同类型的投资，采用不同的投资策略与制度安排，提高融资效率，创新投融资手段，搭建多层次的投融资服务平台。

以政府资金为最基本融资方式，充分利用融资渠道，建立风险投资机制，创建多层次信用担保体系，海洋产业园区的投融资需要综合运用传统融资模式与新兴融资模式，根据园区产业发展及相关项目建设的实际需求，合理选择适合自身特点的融资模式。

三、国家海洋产业园区投融资管理

随着海洋经济在国家经济发展与综合国力建设中的作用日益凸显，加快海洋产业园区建设已经成为新时代一项重要课题，也是未来中国经济发展的重点。大部分海洋产业都具有资本密集与技术密集的特点，导致海洋产业园区的建设需要大量资金支持，单纯依靠政府财政支持很难满足建设需求。因此，创新多元化投融资机制，扩大投资主体，拓宽融资渠道，对海洋产业园区的发展具有重要意义。

（一）海洋产业投融资管理的主要问题

由于我国海洋经济起步较晚、发展较快，现行的投融资体制存在着一系列问题，难以保障基本的资金需求，海洋产业园区在很大程度上存在资金缺口。

1. 政府财政投入不足

海洋产业的发展以及园区的基础设施建设，不仅需要大量资金，还存在着回报期与建设周期长的特点，具有一定的投资风险，金融机构及其他民间资本往往缺乏投资动力，必须发挥财政资金的作用，弥补市场机制的不足，推动海洋经济的发展。然而，由于政府资金自身的限制，财政支出的领域众多，实际投入到海洋产业园区的资金很少，甚至有些仅仅是象征性的补助，大大影响了相关企业发展海洋产业的积极性。此外，受行政体制的影响，财政资金下放经常不到位，使用效率低下，使得有限的财政投入更加难以发挥应有的作用，严重制约了海洋产业与蓝色经济的发展。

2. 传统信贷支持不力

海洋产业园区建设资金的巨大需求与政府财政支持的有限性，决定了传统银行信贷成为海洋经济发展中最重要的融资渠道。海洋产业处于发展的初级阶段，专业化程度较低，尚未形成产业化规模，投资风险较大，投资收益难以准确预测。海洋产业相关企业经济实力普遍较弱，存在着一定的信用风险，达不到担保机构的融资要求。银行等金融机构出于降低贷款风险的考虑，往往仅提供额度较低的贷款，甚至拒绝海洋产业园区及相关企业的贷款申请。就整体而言，传统信贷对海洋产业园区的支持力度也十分有限。

3. 资本市场作用有限

利用市场上各类有价证券的发行与流通转让，将闲置的社会资金集中投资到资金短缺的海洋产业园区，满足资金的中长期需求，优化资源配置，促进各类生产要素实现最优组合，协调各经济部门间的发展，分散投资风险。但是，资本市场的准入门槛高、监管审查严格、上市评估费用高昂，使得大多数中小型海洋企业很难通过主板市场和创业板市场进行上市融资。同时，海洋领域的债券融资、产业投资基金、私募股权投资等融资方式并不多见，发展程度也较低，对海洋产业园区的支撑力度仍然十分薄弱。

4. 民间资本对接困难

近年来，随着我国经济的不断发展，积累了大量的民间资本，公众的投资意识也在日益增强，对于海洋产业园区的建设与发展，民间资本存在着巨大的潜力。但是，由于海洋意识比较薄弱，又缺乏民间资本与海洋经济相互对接的必要渠道，导致民间资本极少直接投入到海洋产业园区的建设中来，从某种程度上来说，造成了资金的浪费，也减缓了海洋经济的发展步伐。

5. 融资方式比较单一

目前，海洋产业园区的融资以传统的财政资金、信贷融资方式为主，缺乏新型融资方式的广泛运用。各类金融机构对金融产品的创新动力不足，难以满足海洋产业的多元化融资需求。今后，需要进一步区分海洋产业园区项目中的公共性投资与市场化投资，针对不同类型的投资，采用不同的投资策略与制度安排，提高融资效率，充分发挥资金作用[20]。

（二）海洋产业投融资管理的基本原则

如上文所述，当前投融资机制存在着诸多问题，为了进一步加强海洋产业园区的投融资管理，完善多元化的投融资机制，需要遵循以下几项基本原则。

1. 政府引导原则

在市场经济体制下，政府是国家进行宏观调控，弥补市场失灵的重要主体，也是引导战略性产业稳健发展的重要保障。建立海洋产业园区，发展海洋经济，是增强我国综合国力的必要途径，也是新时代国家经济社会发展的重要战略举措。为了保障海洋产业园区的可持续发展，需要转变政府职能，通过制定相关政策，完善相关制度，优化管理方式，维护有序的投融资环境，依法保障各类投资者的权益与公众利益，加大对海洋产业及重点海洋企业的支持，积极引导海洋产业园区的健康发展，创造良好的宏观发展环境。

2. 市场运作原则

海洋产业园区应按照“资本经营、资产经营、产品经营”相结合的思路，通过市场化改革，打破垄断，放宽市场准入标准，坚持投资者享有所有权与收益权，并拥有承担风险责任的原则，吸引大量社会资本，共同参与园区的建设发展。加强政府在宏观层面上的引导与协调，充分发挥市场在投融资活动中的调节性作用，尊重市场规律，提高融资效率。

3. 多元融资原则

海洋产业园区的资金来源，除了依靠政府资金的投入以外，还应加强商业银行等金融机构的信贷支持，积极扩大债券融资规模，鼓励有条件的企业进行上市融资，吸引国外资本及民间资本参与建设，设立产业发展基金等，扩大投资主体，拓宽融资渠道，创新融资方式，完善海洋产业园区的多元化投融资机制。

4. 风险防范原则

为了保证投资资金的安全性，维护投资者利益，保障海洋产业园区建设过程中资金的稳定性与持续性，在投融资管理的过程中，需要增强风险防范意识，提高风险评估水平，提升风险管理能力，有效分散投融资风险，提高金融机构及民间资本投资的积极性，进而促进海洋产业发展，形成良性循环。

(三)投融资管理的总体框架

根据投融资管理的基本原则，保证持续的投融资能力，构建政府引导、市场运作的多元化投融资体制，设计出如下投融资管理模式(图 8-8)。

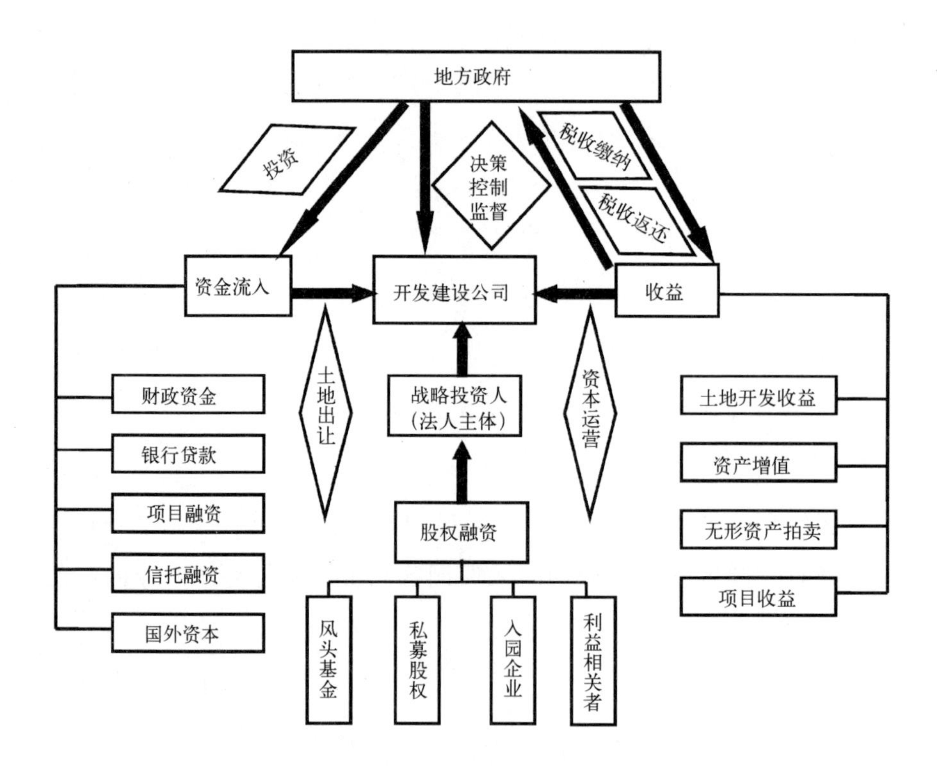

图 8-8 海洋产业园区投融资管理模式示意

1. 平台公司

通过构建投融资管理模式，转变政府职能，政府由运营主体转变为以决策、控制、监督为主要管理职能的主体。按照政企分开、政资分开的原则，以园区管委会为主要发起人并持有不超过5%的股份，以园区内尚未出让的土地和其他实物资产、开发区外一定面积的土地、一定数量的资金入股，设立开发建设公司，作为海洋产业园区的投融资平台，保证开发建设公司在建立之初便可以获得资产抵押贷款融资。

2. 资本运营法人

海洋产业园区资本运营的法人主体为战略投资人，通过出资入股的方式，成为投融资平台公司的主要控股方，组织开发建设公司对园区的开发建设活动，并承担有限责任。开发建设公司运用滚动式发展模式，保持利润增长点，同时也获得了比较充足的后续资金，以便适时扩大业务规模，促进资金的良性循环。

3. 其他参与方

积极鼓励包括投资公司、有意向入园企业、私募股权投资方、个人投资者及其他利益相关者等在内的社会各方投资者，参股海洋产业园区开发建设公司，扩大开发建设公司规模，提高平台投融资实力，分散风险，实现投融资双方的互利共赢。

4. 园区物业公司

为了使开发建设公司在短期内盈利，获得充足的现金流入，从而满足融资条件，园区管委会应同时入股园区物业公司。海洋产业园区的物业公司带有政策性色彩，其发展必将得到政府的大力支持。开发建设公司的房地产包租期一般为5~10年，以保证其能够有效吸引各类社会资本投入。当开发建设公司步入稳定发展期后，需对物业公司进行部分租金返还。

5. 资金来源

海洋产业园区的开发建设资金缺口可以通过地方财政资金投资、中央及省市财政补助、项目融资、银行贷款、股权融资、外资引进及其他融资(信托、土地租赁等)方式获得。市场化运作模式决定了在融资方式的选择上，海洋产业园区更加侧重于股权融资与银行贷款方式筹集资金。

6. 投资收益

海洋产业园区开发建设公司的投资收益来源于以下几个方面：熟地转让、配套房产转让、优质资产中长期增值、园区内产业项目收益、园区外其他项目收益。

海洋产业园区的投融资模式注重效益优先，通过政府调控、市场引导，以公司为主体进行资本运作，推动投融资的顺利进行。在投融资的过程中，应注意避免产业空洞化与竞争力不足等问题，在海洋产业园区产业集聚的基础上，打造园区品牌，进行园区产业整合升级，提高产品技术含量与经济效益，将市场拓展至全国乃至国外[21]。

(四)海洋产业投融资方式

不同于陆域经济的发展，海洋经济的发展有其独有的特征，海洋经济的增长与产业优化之间存在着高度的一致性，这就要求海洋产业园区在投融资模式上应寻求最佳方案。传统海洋产业、新兴海洋产业与未来海洋产业分别处于产业生命的不同周期阶段，各具特点，为了保障我国海洋经济在各时期、各产业中的长期、高效、可持续发展，需要针对三者的不同特点与需求，选择不同的投融资方式(见表 8-1)。

表 8-1 海洋产业投融资方式对比

园区类型	代表产业	投融资方式
传统海洋产业园区	海洋渔业	银行信贷
	海洋船舶制造业	普通信用贷款、专项贷款、中长期债券、海洋船舶租赁、船舶抵押贷款
	海洋交通运输及相关物流业	财政资金、银行信用贷款、股票、债券、外国资本

续表

园区类型	代表产业	投融资方式
新兴海洋产业园区	海洋工业	股权融资、银团贷款、信托、财政资金、产业发展基金
	海洋旅游业	财政补助、专项贷款、项目融资
未来海洋产业园区	海洋生物制药业、海水综合利用业、深海采矿业、海洋能源开发业	以政府资金为最基本融资方式；充分利用直接融资渠道；建立风险投资机制；创建多层次信用担保体系

1. 传统海洋产业园区

由于历史悠久及长时间的经验积累，大部分传统海洋产业已经处于成熟期，因此重点采用以银行借贷为主的多元化投融资方式。

(1)海洋渔业

海洋渔业主要依靠传统的银行信贷这一间接融资方式筹集资金。涉及该行业的海洋产业园区，可以用渔船、捕捞证、船运证、海域使用权等作为抵押物，银行根据贷款期限和贷款额度的差异，提供信用贷款，满足海洋渔业生产要求。银行应继续创新贷款产品，加大对海洋渔业的贷款支持力度。渔民也可以利用直接融资方式，向留有闲置资金的农户提出民间借贷请求，该方式更为灵活、便捷。

(2)海洋船舶制造业

海洋船舶制造业具有劳动密集、技术密集、资本密集的特征。就商业银行而言，可以向涉及该行业的海洋产业园区提供船舶抵押贷款与普通信用贷款；就政策性银行而言，可以设立海洋船舶制造产业发展专项贷款，针对园区购买、改造渔船等相关涉海活动，提供低利率、分期偿还的贷款。海洋船舶制造产业发展慢、周期长，因而可以通过发行中长期债券，采取直接融资的手段筹措资金。另外，还可以采用海洋船舶租赁的融资方式，为园区缓解资金压力。

(3)海洋交通运输及相关物流业

海洋交通运输及相关物流业发展迅速，投资收益回报相对较高，其融资方式较多。涉及该行业的海洋产业园区主要依靠政府财政资金、银行信用贷款获得融资，还能够利用运营的外向性吸引外资。对于较大规模的海洋运输与物流企业，可以采取在证券市场上发行股票或者债券的方式直接融资。

与此同时，就传统海洋产业而言，还应充分发挥各类非银行金融机构的作用，如保险公司、担保公司等。为了减少不必要的损失，可向传统产业提供安全保障，储备一定数量的内源资金，保险公司可以提供海洋产业保险，对投保期间发生的意外风险进行补偿。

2. 新兴海洋产业

(1)海洋工业

受海洋环境的影响，油气开采业、海水淡化业、海水化工业等海洋新兴产业中的海洋工业，其生产情况通常存在一定的周期性，投资风险较大，回报期也较长，因此涉及以上行业的产业园区，主要采用股权融资方式筹集资金。对于规模较大、发展较成熟的企业而言，可以通过上市融资分散风险，并降低融资成本。海洋产业园区还可采用银团贷款、信托等融资方式筹集资金，分散贷款风险。对于油气开采业等海洋产业的生产过程需要大量技术精密设备，设备采购资金缺口较大，需要政府提供财政资金支持，还可以设立海洋工业发展基金，支持园区各项项目建设。

(2)海洋旅游业

随着公众消费观念的转变，海洋旅游业具有很大的发展潜力。旅游基础设施的建设周期长、资金投入大，政府应对其进行财政补助。政策性银行可以设立海洋旅游业发展专项贷款，对相关园区提供低息贷款。还可以采取 BOT、BT 等项目融资方式，通过项目招标，吸引社会资本投资。

3. 未来海洋产业

所谓未来海洋产业，主要是指海洋高科技产业，如海洋生物制药业、海洋能源开发业、海水综合利用业、深海采矿业等。未来海洋产业具有广阔的发展潜力，在全世界范围内存在巨大的市场前景。但是，我国未来海洋产业仍处于初创阶段，高科技企业刚刚起步，面临着非常高的技术要求，需要大量资金支撑。因此，涉及该行业的海洋产业园区需要在海洋经济开发的过程中，不断寻求与产业相匹配的投融资方式。

(1)以政府资金为最基本融资方式

未来海洋产业的核心是高科技，依靠海洋高科技技术，开发利用海洋资源，需要特殊的产业生产环境，对技术的依赖程度很高。高科技技术的复杂度高、精密度高、回报周期长，很难单纯依靠市场获得充足资金。因此，政府应加大对涉及未来海洋产业园区的支持力度，设立海洋高科技产业发展专项基金，在科研技术创新、高新技术科研设施配备、海洋科技人才引进等方面弥补经费的不足。政府还可以成立海洋经济开发银行，对海洋产业园区提供专项贷款，要求园区实行专款专筹、专款专用，促进海洋高科技产业发展。

(2)充分利用直接融资渠道

创业板市场和科创板市场为新兴创新公司，特别是高科技企业提供融资支持，中小板市场则可以向创立初期的中小企业提供融资服务。未来海洋产业中的中小企业由于起步较晚，大多处于研发创业阶段，海洋产业园区可通过在创业板、科创板、中小板市场上的资本运作进行直接融资。对于信誉良好的涉及海洋高科技产业的园区，可以根据自身发展情况与需求，发行中小企业可转换债券等企业债券，缓解资金压力，推动企业发展。

(3)建立风险投资机制

未来海洋产业不同于一般海洋产业，其开发投资大、投资期限长，承担风险更大。涉及该行业的海洋产业园区可以建立风险投资机制，积极引导并广泛吸收工商业资本、民间资本、国外资本，将其投入到高新技术发展领域，缓解园区资金缺口大的压力，有效降低投资风险，为投资主体带来投资收益，从而实现风险共担、利益共享。

(4)创建多层次信用担保体系

涉及该行业的海洋产业园区，中小企业在政府支持的基础上，创新融资产品，建立多层次信用担保体系。就国家战略性项目等未来海洋产业的重大项目而言，可由中央政府提供担保。就地区重点培养项目而言，则由地方政府进行担保。政府监督指导各类中小企业信用担保机构，提高其服务质量。就深海采矿业等受产业环境影响，需要长期稳定占用特定海域的未来海洋产业，园区可通过合法的海域使用权抵押贷款这一新兴融资工具筹集发展资金[22]。

4. 投融资模式

海洋产业园区的投融资需要综合运用传统融资模式与新兴融资模式，根据园区产业发展及相关项目建设的实际需求，合理选择适合自身特点的融资模式(图 8-9)。

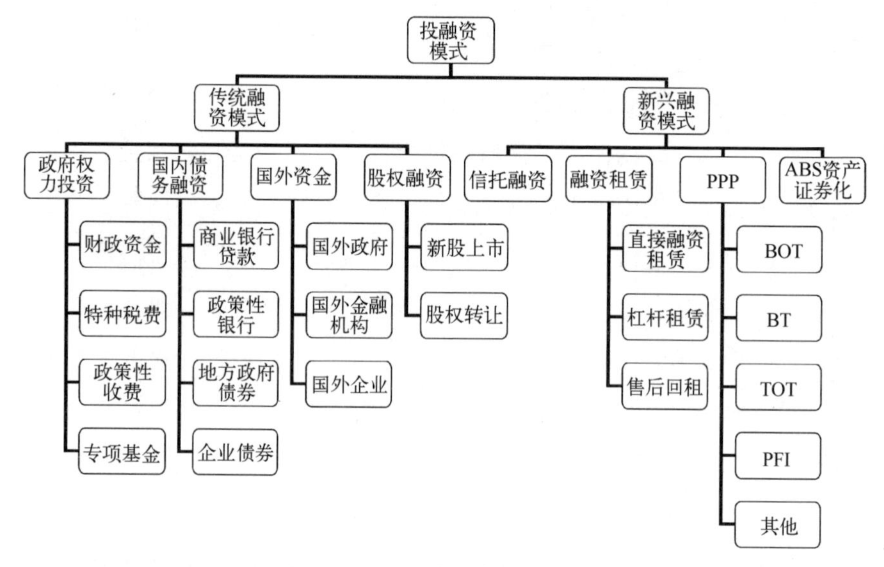

图 8-9 投融资模式关系示意

(1)传统融资模式

传统融资模式主要包括：政府权力融资、国内债务融资、国外资金融资以及股权融资。

政府权力融资主要以财政资金投入、特种税费减免、减少政策性收费、设立专项基金的方式为主，是最基本的海洋产业园区融资途径。

国内债务融资主要采用向国内商业银行贷款、向国内政策性银行贷款、发行地方政府债券以及发行企业债券的方式进行，是最为普遍的海洋产业园区融资途径。

国外资金融资主要包括国外政府贷款、国外金融机构贷款、针对基础设施项目的国外企业投资三种方式，随着我国改革开放程度的日益提高，该融资模式逐渐成为海洋产业园区筹集资金的补充方式。

股权融资是在海洋产业园区的发展过程中，将已有股份制公司进行升级改造，成立股份有限责任公司，通过上市进行融资。以公募或私募发行方式，出售部分股权，筹集建设资金，无须还本付息，股权退出需借助市场流通。投资者根据园区内公司的经营状况分红，实现共赢。该融资模式具有广阔的发展前景。

(2)新兴融资模式

新兴融资模式包括信托融资、融资租赁、公私合营以及资产证券化等方式。

信托融资由信托机构运作信托金融产品，吸收社会闲散资金，用于海洋产业园区建设与开发，缓解资金紧张。

融资租赁是在海洋产业园区的项目建设领域，通过直接融资租赁、杠杆租赁、售后回租等方式筹集资金，满足园区建设资金需求。

公私合营，即PPP模式，在风险共担、利益共享原则的指导下，由政府部门与私人部门共同参与海洋产业园区的项目建设、运营和维护。该模式有利于调动私人部门建设海洋产业园区的积极性，充分吸收社会资本，拓宽融资渠道。对于园区项目建设，可以采取BOT、BT、TOT、PFI、BTO、BOO、BOOT等多种形式，其中对前四种模式的应用更为普遍。

资产证券化(ABS)由海洋产业园区将缺乏流动性、具有稳定现金流收入的资产转让给特殊目的的载体或机构(SPV)，SPV通过组合、改良、调整，提高其信用等级，并以其为担保发行债券取得发行收入，按照合同规定价格购买海洋产业园区所拥有的项目收益权，以收益权产生的现金收入偿还所发行债券。该模式融资环节少、融资成本低、操作较规范、风险较分散，十分适合海洋产业园区内规模较大的一般营利性项目建设融资[23]。

(五)投融资管理的服务平台

为了保障海洋产业园区投融资的有序、持续进行，需要搭建全方位公共服务平台，促进投融资活动的良性循环。

(1)科技研发平台

科技研发平台是具有开放性的科技研发支持与服务系统，该平台向海洋产业园区范围内的科研机构、高等院校、科技企业、政府部门及社会公众提供与科技研发活动相关的、全面、系统、方便、高效的公共服务。通过整合分散的各类社会资源，构建相互协作的交流体系，减少科研成本，降低海洋高科技产业投融资风险，提高海洋产业高新技术水平。

(2)电子商务信息平台

电子商务信息平台以计算机网络为基础，以信息交换与共享为依托，向海洋产业园区相关活动主体提供在线交易与政府职能服务相结合的集成环境，提供“一站式”智能化实时事务处理服务，建立综合、开放、高效、优惠的信息平台。通常向海洋产业园区提供包括信息发布、在线交易、智能配送、物流跟踪、金融服务、投融资供求信息等功能，提高园区融资效率。

(3)人才交流平台

海洋产业园区充分利用周边科研院所、高等院校、技术学校的人才资源优势，以优化人才培养、人才使用、人才激励、人才评价、人才流动、人才保障为主要内容，创造优越的人才发展环境，构建长期稳定的人才供需体系。利用招商引资等有利契机，开展人才交流活动，引进优秀海外留学人员和国内人才，创造引才、育才、用才、聚才的新优势。注重风险控制领域、金融领域等投融资相关领域的人才引进与培养，提升海洋产业园区投融资管理环境的软实力，提高资金筹措能力，降低投资风险，满足园区建设资金需求，有效推动海洋产业园区经济的可持续稳定发展[24]。

四、国家海洋产业园区风险评估与管理机制

受海洋产业自身特性的限制，海洋产业园区发展受到自然因素与社会因素的双重制约，在诸多方面存在着一定的风险。因此，海洋产业园区需要不断完善风险评估与管理机制，预防并有效控制风险，保证园区的长期稳定发展。

（一）海洋产业园区风险来源

1. 安全风险

我国海洋灾害的发生频率远远高于世界各国的平均水平，发生范围广，受灾情况较为严重，海洋灾害早已成为损失量最大、对未来沿海地区的社会经济发展影响最深刻的自然灾害之一。风暴潮、海冰、海雾、海浪、台风、飓风、地震、海啸、赤潮、海水入侵、海岸侵蚀等海洋灾害，不仅会使沿海工程设施、海水养殖设施等海洋产业财产遭受损失，而且会对人身造成伤害，导致物流及交通运输中断，严重危害到海洋产业园区的经济发展。

按照发生频率和损失程度的不同，可以将海洋灾害风险分为一般风险和巨灾风险。一般风险是指因自然规律作用和变异引起的，其所导致的风险暴露单位损失数量是零星的、少数的，相互之间是独立的，不会造成在同一时间或同一时段大面积和大量人员伤亡和财产损失，受灾地区可以自己解决的不利事件。巨灾风险是指影响不同地区，并且难以在时间和空间上分散巨大损失风险的自然灾害，对现有社会、经济和环境框架产生巨大的冲击[25]。

如图 8-10 所示，一般风险具有高频率、低损失的特点，巨灾风险则相反。海洋产业园区应加强对一般风险的监测与预防，完善巨灾风险的多方协作机制与补偿机制，减少海洋灾害风险的损失。

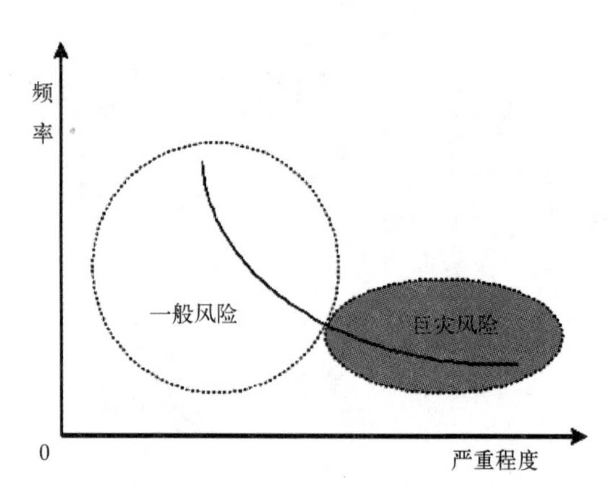

图 8-10　一般风险与巨灾风险的对比示意

引自曹倩：《海洋渔业灾害保险运营及融资模式研究——以山东省为例》

2. 政治风险

海洋经济的发展需要依赖稳定的国内外政治环境。就国外而言，世界各国日益重视对海洋资源的开发利用，海洋产业的优化升级成为各国经济发展的重要战略目标，相关领域的国际竞争日益激烈，各国纷纷颁布相应政策，为本国海洋经济建设创造良好的政治环境。就国内而言，我国海洋产业仍处于起步阶段，相关政策体系不够完善，各项政策及各部门之间缺乏必要的协调机制，政策约束及激励力度不足，尚未形成有利于海洋产业发展的长期有效机制。面对国内外政治环境的严峻形势，我国海洋产业园区的发展面临着巨大挑战。

3. 经济风险

受经济危机的影响，世界各国实体经济明显下滑。海洋产业的投资回报期长，面临着通货膨胀风险与汇率风险，即由于生产时间过长，通货膨胀率或者汇率均存在着极大的变化可能，导致利润下降。同时，企业盲目追求产量，忽视产品服务的创新，将带来产能过剩风险。由于海洋产业一般属于劳动、资金、技术密集型产业，固定成本普遍较高，当市场需求减少时，产能过剩将带来巨大的固定成本损失，造成企业利润大幅下降。海洋产业园区应努力完善风险评估与管理，尽可能地降低经济风险可能带来的利润损失。

4. 管理风险

海洋产业园区在管理中存在着一定问题，这增加了风险管理的难度。政府财政支持的力度有限，园区为了缓解资金压力，往往采取借贷方式筹措资金，导致过度借贷，一定程度上加大了园区发展的阻力。园区的经营管理缺乏科学有效的风险评估与风险管理机制，风险控制相关技术水平低，风控部门人员经验不足，难以准确预测并防范潜在风险，增加了园区稳定发展的不确定性因素[25]。

(二)海洋产业园区风险评估机制

首先，要加强深化对风险评估重要性的认识。加强对员工进行风险控制相关培训，了解风险评估的意义、原则、步骤以及部门间协调等问题，提高员工对风险管理的重视，自觉把风险评估作为海洋产业园区必要的日常工作方法。

其次，要推动风险评估机制规范化。在加强风险评估相关基础性研究的基础上，积极借鉴国内外先进海洋产业园区的风控技术和风控理念，完善评估方案制定、信息采集、信息真实性甄别及评估指标的动态修正。进一步扩大园区风险评估的深度和广度，在园区内设立权威中立的风险评估委员会作为评估主体。推进依法决策，加强风险评估的制度化、法制化建设。

再次，建立风险源分析与识别的科学机制。从海洋产业园区的整体状况与利益出发，引入科学的指标体系，识别和测量潜在风险，采用正向指标与负向指标、定性指标与定量指标、技术性指标与综合性指标相结合的方法，准确识别风险源，评估风险等级与风险承受能力，帮助园区采取相应措施，从源头上预防和降低风险。

最后，保障风险评估结果的刚性约束力。为了从源头上防范风险发生，需要保障风险评估的结果得到有效运用，能够真正影响海洋产业园区的决策。只有这样，才能使风险评估机制切实发挥应有的作用，从根本上化解园区风险。

(三)以国家海洋产业主权基金为核心的风险分担机制

通过设立海洋产业主权基金与海洋产业投资基金，分散海洋产业园区发展过程中的风险，促进海洋产业的平稳、快速发展。

1. 海洋产业主权基金

(1)资金来源

财政部从海洋产业收入中划拨一部分资金，作为海洋产业主权基金的主要资金来源，具体可以包括：政府所有的海洋产业收入、与海洋产业交易有关的净收益以及用于平衡非海洋产业财政赤字的余额。海洋产业主权基金的另一部分资金可以来源于中国银行从外汇市场中购买并划入缓冲组合中的资金[26]。

(2)治理结构

海洋产业主权基金的主管部门是财政部，负责设定海洋产业主权基金的投资规划、投资准则、投资范围和预期收益，并定期向人民代表大会报告海洋产业主权基金的投资及运营情况。财政部委托中国人民银行对基金进行管理，制定投资战略并进行风险和收益评估。中国人民银行设立投资管理部，代表财政部对基金的资产进行专业化的投资管理。

海洋产业主权基金应明确界定财政部与中国人民银行之间的责任划分，即财政部负责制定长期的投资策略，确定资产组合配置权重、风险控制标准、绩效评价标准以及对管理层的表现进行评估并及时向人民代表大会汇报；中国人民银行则按照规定的要求，由投资管理部具体负责基金运作，通过积极的国内外投资获得风险调整后的最高回报[26]。投资管理部对海洋产业主权基金进行日常投资管理，在遵循投资准则和投资战略的基础上，自主选择投资对象和投资时机，力求在适度风险下实现长期效益的最大化。中国人民银行投资管理机构总部可以设立在北京，日后根据需要，可在各地区设立办事处。

财政部可以为海洋产业主权基金引入道德指引，成立道德委员会，履行监督和排除职能，以确保基金投资行为和投资对象符合我国道德准则、社会公益和企业责任的要求。通过道德委员会的举报，海洋产业主权基金可以将涉及环境污染等问题的企业列入投资黑名单(图 8-11)。

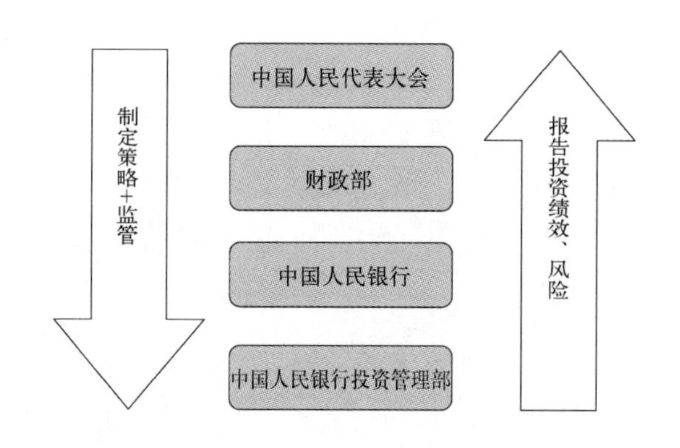

图 8-11　海洋产业主权基金治理结构示意

引自 GPFG Anunual Report 2011

(3)资产配置策略

海洋产业主权基金的资产配置策略应由财政部统一筹划分配，财政部可以按照资产的不同类型与不同地区设定投资比重，并根据实际情况定期调整资产配置策略。海洋产业主权基金的资产配置应实现多元化，可投资于债券、固定资产投资、股权投资等多种类型资产，根据风险与收益，确定投资比重。

(4)投资策略

海洋产业主权基金可以采取以下两种投资策略：第一，组合投资策略，即在该策略下，表现为财务性投资，股权通常不高于 10%，不能对所投资的企业进行相对性或实质性的控制，投资主要以取得溢价收益或分红为回报。第二，战略投资策略，即在该策略下，股权比例往往高于 10%，以取得被投资企业的控制权为投资动力。

为了使海洋产业主权基金更好地发挥其应有的作用，应重点采取组合投资策略，为企业管理提供宽松的环境，对单一上市公司的最高持股比例为10%，投资范畴应涵盖国内外大、中、小型企业，避免投资过于集中，以满足更多企业的发展需求。同时，应丰富投资类型，政府与公司可以根据需要发行不同种类债券，还可以引入固定资产投资和股权投资等。

(5)运营管理

海洋产业主权基金的投资原则是在适度风险下实现长期收益最大化，中国人民银行投资管理部作为基金运营的具体管理者，需要在运营管理方面注意以下几个问题。

一是低成本、高效率。中国人民银行投资管理部应坚持高标准、高质量的团队建设，聘请来自国内外的具有全球战略眼光和投资经验的员工，及时了解市场动态，把握投资机会，跟踪投资进展，作出迅速、准确的投资决策。必要时，聘请外部资产管理人，如全球知名管理人摩根大通等，降低管理成本。

二是风险防范。中国人民银行的风险防范策略应包括：分散投资策略、再平衡策略和系统化风险因素等。具体表现为，参照国际著名指数公司和投行经验，设定海洋产业主权基金投资及收益的基准组合和基准指数，允许一定比例的偏差。具体投资决策只能在基准框架内进行，接近风险限额时必须进行调整。同时，基金以道德指引为标准，及时调整投资战略，树立良好形象，有利于大大降低投资的风险。

三是投资立场。海洋产业主权基金应是积极、负责的投资者，注重长期投资的稳健回报，在选择投资对象时重点考虑东道国经济的可持续性、社会发展及完善程度、法律法规的健全程度及市场稳定度，综合评估社会、政府、环境等各方面的投资风险。海洋产业主权基金与投资企业、市场监管部门、规则制定者应保持长期对话关系，重点关注海洋产业主权基金作为最大股东的企业，通过召开管理层会议了解企业经营计划、发展战略、资金情况及经营中可能存在的风险，积极行使股东权利，参与企业重大决策表决，为企业治理者提供建议。海洋产业主权基金可以成立公司治理咨询董事会，为所投资公司董事会任免等问题提供咨询意见。

四是高透明度。海洋产业主权基金应始终保持基金运行管理的高透明度，中国人民银行投资管理部应在网站上公布基金运行年度、季度报告，内容涵盖基金的投资、收益情况，投资战略调整和财务收支，接受政府部门和公众的监督。财政部每年向人民代表大会提交海洋产业主权基金工作报告(白皮书)并向公众公开，汇报基金投资战略及内部管理情况，就策略调整等广受关注的问题作出说明。在中国人民银行投资管理部的网站上，可以查询基金的相关资料和历年年报。通过高透明度，表明基金的投资只为寻求经济回报，不带有政治目的，消除东道国的抵触和敌意，使其投资获得国际接受与认可[27]。

2. 海洋产业投资基金

(1)战略目标

海洋产业投资基金的战略目标是：在中国特色社会主义市场经济下，利用中央与地方、国际与国内、行政与市场、行政与金融、金融与实业之间的五座桥梁，以国家海洋战略和国家海洋产业政策为导向，充分发挥海洋产业投资基金的政府资源优势与国际资源优势，提高资源配置效率，通过专业化与市场化运作，促进海洋产业园区发展，为投资者创造回报。

(2)运营模式

海洋产业投资基金采用有限合伙制形式，基金投资者依法享有合伙企业的财产权，以承诺出资额为限承担有限责任，基金税收低，投资者按照其税收地位自行纳税。园区管委会与投资管理有限公司共同设立基金管理公司，作为普通合伙人，对基金债务承担无限连带责任，其他投资人一般不参与园区管理决策，最终决策由普通合伙人决定(图 8-12)。

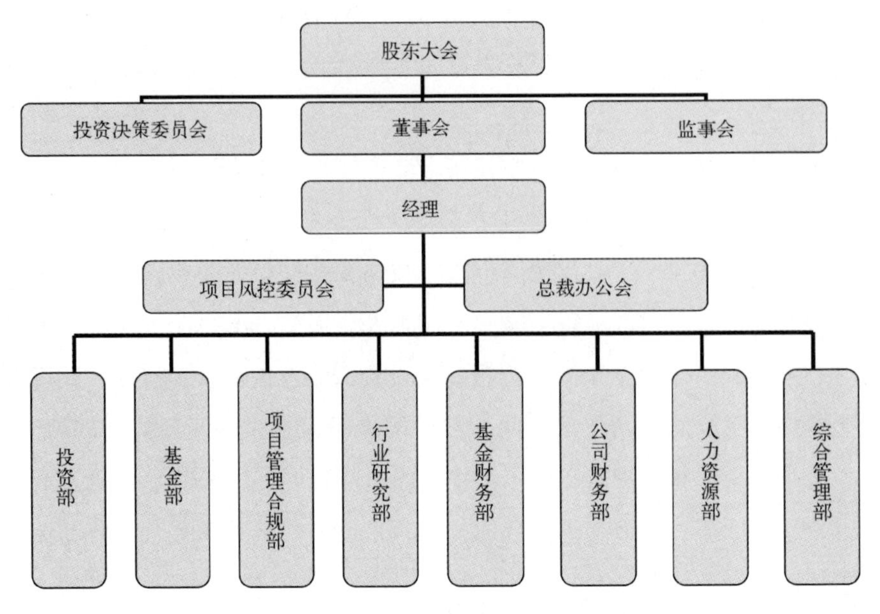

图 8-12　海洋产业投资基金管理公司组织结构

引自安鹏啸：《海洋经济区产业投资基金全面风险管理研究》

基金管理公司与合伙人、托管人之间存在契约委托代理关系，相互牵制与监督，共同维护海洋产业投资基金的资产安全，其相互制约的三角关系成为海洋产业投资基金风险控制的第一道防线(图 8-13)。

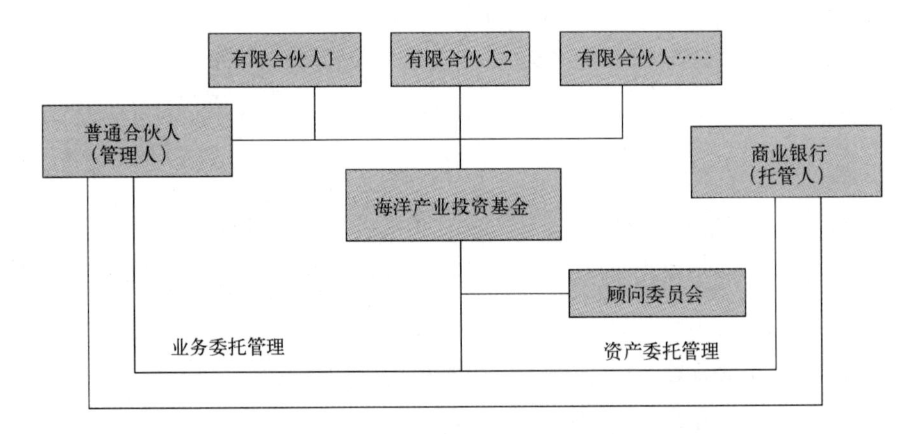

图 8-13　海洋产业投资基金与合伙人及托管人关系示意

引自安鹏啸：《海洋经济区产业投资基金全面风险管理研究》

海洋产业投资基金采用私募方式，向具有风险识别与风险承受能力的特定工商企业、银行、投资机构、社保基金、保险公司等投资者募集资金，资金来源于政府、民间投资、国际资源等多种渠道。

海洋产业投资基金以低风险、高收益为原则，对海洋产业园区内现有条件良好且收益时间短、变现能力强的项目以及战略发展前景广阔的项目进行投资，主要采用并购、股权投资、设立子基金等方式，通过产业基金的整合与利用，加快现代海洋渔业、海洋工程建筑、海洋装备制造、海洋能源矿产、海洋运输物流、海洋文化旅游、海洋生态环保等产业的转型升级。具体而言，海洋产业投资基金主要投资到以下几个方面：围填海造地、盐碱地治理、海岛开发、海水淡化、海洋矿产开发、海洋装备制造、海上风电资源利用、海洋产业园区建设等重大项目(图 8-14)。

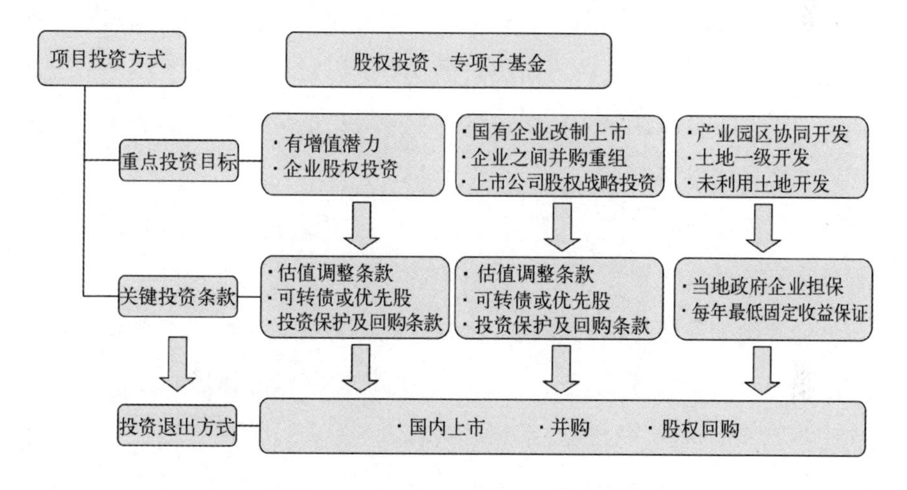

图 8-14 海洋产业投资基金投资流程

引自安鹏啸：《海洋经济区产业投资基金全面风险管理研究》

为了保障海洋产业投资基金的高效运行，需要基金管理公司强化风控投资理念，完善风险管理制度，如风险管理办法、授权审批制度、决策制度、签章领用制度、风险管理报告制度、业务流程手册、法律指引手册等，规范经营运作，明确各部门权责，形成各部门与各业务主体间的信息沟通与制约机制，梳理投资项目的选择、决策、投资、监督及评价流程，评估风险源与风险等级，采取相应措施降低风险。以基金管理公司完善的组织结构、公司政策、业务流程构建相互制约与监督的机制，在此基础上，实行自上而下的责任追究制度与自下而上的绩效激励制度相结合的双向监控，完善部门内部与项目自身、企业风控合规部门、内部审计部门三条主线相统一的风险监控，促进海洋产业园区各项目的顺利进行[28]。

（四）以海洋保险为主的市场化风险分散机制

海洋经济发展在不同时期有着自身独有的特点，随着我国对海洋经济的日益重视，海洋保险服务体系也日趋完善，但目前我国海洋保险产业仍然存在着许多问题。

第一，海洋保险险种单一。我国海洋保险主要集中在海洋渔业从业人员人身意外伤害保险、船舶建造保险、海洋货物运输保险、船舶保险等保险品种上，海洋保险产品缺乏新型险种，为了应对来自国内、国外两方面的风险，需要丰富海洋保险类型，设立不同层次的海洋保险，满足各类型海洋产业园区的发展需求。

第二，海洋保险模式单一。我国海洋保险主要采取商业保险模式和互助保险模式，前者集中于船舶、船舶建造、海洋货物运输保险上，后者集中于渔业保险上。海洋保险有其自身特殊性，具有较高的社会效益，但经济效益低，保险责任不明确，又存在着主观风险与道德风险，损失发生后，主观行为的选择将直接关系到受灾程度与后果。同时，海洋产业技术的复杂，风险的独立性与可测性程度低，社会平均损失率难以准确估算，都造成保险公司的经营不稳定。

第三，海洋保险风险分散机制不完善。海洋灾害的频繁发生，对我国经济造成了巨大损失，海洋保险有利于分散风险，对海洋产业园区及其经济发展产生越来越重要的影响，但是目前我国海洋保险风险分散机制不够完善。单纯依靠商业保险和渔业互助协会两种保险运作模式分散风险，政策性保险的缺位使其存在很大的局限性[29]。巨灾风险分散与再保险机制仍处于探索阶段，海洋保险的偿付水平较低，很难真正解决广泛分布的不同种类的海洋风险问题。此外，再保险品种单一，规模小，仅局限于海洋石油开采等风险较大的行业，远远超过原保险经营人的承险能力，保险公司的再保险需求迫切。

第四，海洋保险中介服务不充分。国际先进保险业经验显示，多数公估、承保和理赔业务由海洋保险公估人承担，保险经纪人则专门为投保人制定投保方案、选择保险公司、办理保险手续、协助办理索赔等业务[29]。由此可见，海洋保险中介机构发挥着十分重要的作用。我国保险中介市场发展不够完善，海洋保险专业化分工程度低，难以满足海洋产业园区分散风险及保险业深入发展的需求。

因此，现阶段应当紧紧抓住国家高度重视、地方大力推动等政策机遇，积极推进国家海洋保险业发展，有效分散海洋产业园区面临的风险，维护海洋经济的长期稳定。

第一，积极开发多种海洋保险产品。首先，积极开发海洋渔业保险，如渔船保险、渔船船东雇主责任险、鲜活海鲜运输保险、渔业养殖保险等。其次，积极开发海洋物流保险，针对船舶、集装箱、运输货物提供主要保险，必要时提供附加保险，并发展平安险、物流责任保险，探索综合保险的发展模式，构建完善的海洋物流保险机制。最后，积极发展海洋生态损害保险，分散海洋矿业、海洋交通运输业、海洋化工业、海洋油气业、海洋生物医药业等在生产过程中对海洋环境及生态造成的破坏风险，采用强制保险形式，对海洋生态功能损失、生态检测与评估费用、生态恢复费用进行补偿。根据海洋产业园区的实际需要，多层次、全方位开发海洋保险新产品。

第二，建立多种海洋保险经营模式。我国海洋保险可以采取以下四种模式：①政府与保险公司合作模式，政府给予保费补贴、税收优惠、风险基金支持，适用于商业保险公司无法独立承保的险种；②专业性海洋保险公司经营模式，对于商业保险公司能够独立承保的险种，通过设立专门的海洋保险公司进行运营；③保险公司共保模式，由多个保险公司成立海洋保险共保体，各公司间独立核算、风险共担、盈利共享，适用于风险大、保费收入低、参保率低的渔业保险；④保险公司代办模式，政府委托保险公司承保，适用于强制类保险品种。

第三，建立海洋保险风险分散机制。首先，建立海洋巨灾风险补偿机制，借鉴国际先进经验，由政府设立海洋巨灾风险基金，适时推进强制性巨灾保险，以财政补贴、市场机制、民间救助为巨灾补偿的三大支柱，增强海洋巨灾风险管理实力。其次，建立海洋保险再保险机制，加强同国内外再保险公司的合作，通过再保险或保险公司互助，实现海洋保险、风险共担。最后，积极发展超赔分保机制，分散巨灾风险，并允许一些海洋险种实行税前列支。

第四，完善海洋保险中介服务体系。海洋保险业的发展离不开保险中介体系的完善。首先，强化保险中介机构的专业化分工，明确保险经纪人与保险代理人的经营范围，促进保险业的职业化发展，也有助于进行分类监管。其次，加强对保险中介的监管，将正面引导激励与违规处罚相结合，加强行业自律与监督管理，维护市场秩序。再次，加强资格认定，设置不同类别的等级考试；加强准从业人员的岗前培训与职工的在岗继续培训，提高保险中介服务人员从业素质。最后，加大宣传力度，扩大保险中介的影响力，使海洋产业园区正确认识海洋保险，进而接受海洋保险中介机构的专业保险服务。

第五，加强对海洋保险业的引导与监管。首先，出台海洋保险相关专门立法与地方管理法规，缓解保险机构、监管机构、投保人之间的信息不对称。其次，推动海洋保险的标准化进程，统一保险术语、保单格式、保单条款，降低中介机构业务难度与争议事件的发生[29]。再次，强化海洋保险机构的内部控制，完善风险预警机制，对灾害高发区进行压力测试，制定应急预案，提高核赔、核保质量，提高风险控制能力。最后，加强海洋保险国际合作，借鉴欧美发达国家的监管经营经验，加强对保赔协会等互助组织的监督管理，提高保险机构的风控水平，推动海洋保险业的长期健康发展。

第六，推进海洋保险人才培养。首先，加大海洋保险业相关人才的引进力度，从国内外引进海洋保险人才，学习先进经验。其次，加强海洋保险教育投入，对保险从业人员进行岗前培训与在职培训，提高从业素质与专业化水平，不断开拓海洋保险的业务覆盖领域。

五、国家海洋产业园区区域合作机制

我国海洋产业园区区域合作的缺乏，导致海洋资源开发不科学，海洋资源闲置和海洋资源浪费并存；海洋资源开发急功近利、简单粗放，发展的可持续性不强；海洋资源配置不合理，缺乏整体规划；发展不平衡及区域封锁、条块分割，导致资源流动不畅；市场配置资源的作用也远未发挥出来，大量资源未能充分而有效地利用并迅速转化为产业强势；海洋产业发展创新不足，在海洋产业发展方面各自为政，产业布局不合理，同构现象严重，存在低层次恶性竞争，发展空间相互挤压[30]。

在世界经济一体化的进程不断推进的形势下，只有转变思想，加强对开放合作的正确认识，把握区域合作机遇，进行深入持续的合作，才能以资源优势带动产业进步，共享合作成果。务必着力做好以下几方面工作。

(1)完善合作机制，形成发展合力

加强区域海洋经济合作，关键是要打破经济壁垒，消除产业同构竞争，共同开发海洋、旅游、港口等资源，构建跨区域优势产业集群[31]。

根据整个区域经济社会发展的需要，结合当地资源状况，按照错位发展、相互协调的原则，依据自身优势，确定当地应重点开发产业，打造优势海洋产业，避开同业竞争压力大的产业，或者制定相同产业之间的协作规定，实现区域间产业的协同发展。提高产业之间的异构化和专业化程度，通过产业之间相互协作，促进区域产业结构优化。

(2)推动资源共享，形成优势互补

区域内资源差异使经济发展可以实现资源互补。本着资源共享的理念，加强合作，以开放的姿态优化空间布局，充分发挥自身的优势，共同构筑起具有开发性、自由性的海洋经济区。要切实遵循产业发展规律，实施可持续发展战略，杜绝简单粗放的盲目开发，要重视各种海洋资源的积累和再造，在保护中开发、在开发中保护，消除产业开发中的雷同问题，注重差异化发展，避免重复开发和资源浪费。将海洋产业资源开发好、配置好、利用好，转化为产业发展优势，完善产业发展机制，走集约化发展道路，注重培育品牌，形成各有特色的竞争优势的海洋产业[30]。

(3)突出合作重点，合理精准发力

首先，着力提升传统优势海洋产业，调整优化产业结构。其次，重点发展战略性新兴海洋产业，提升海工装备制造、海洋生物医药、海水淡化等核心产业实力。最后，大力发展高端临海产业，提高海洋经济发展水平。

在"一带一路"的大背景下，我国海洋产业园区的建设应结合自身特点，加强以"一带一路"为重点的国际区域合作以及以"两带三心五圈"为载体的国内区域合作。

(一)建立以"一带一路"为重点的国际区域合作机制

1. 以经贸优势统筹国内外经济布局

"丝绸之路经济带"致力于发展中国同中亚、南亚、俄罗斯以及中东部欧洲在公路、铁路等陆上交通，以及包括石油、天然气管道和IT基础设备在内的其他领域的合作联通。同样在海洋领域，"21世纪海上丝绸之路"致力于打造分布于南亚和东南亚、东非和北部地中海区域的港口和工业园区网络。"一带一路"同时倡导沿线国家间更深刻的经济融合并消除贸易壁垒[32]。"一带一路"倡议的实施需要考虑国内外社会经济环境，合理规划发展道路，以减少海洋经济发展过程中的不稳定性因素。进一步加强海洋产业园区的国内外交流与合作，增强世界各国，特别是沿线地区对我国"一带一路"倡议目的的理解与信任。借鉴专业机构的科学评估，正确评价投资的收益与风险，研究降低投资风险的可行性策略。与"一带一路"沿线国家保持密切沟通合作，统筹各方利益，提出一些能够照顾双边利益或多边利益的项目，着力发展丝路基金、亚投行等合作形式，为投资方带来利益回报，为基础设施投资构建资金链条。

2. 打造政治安全环境

创造安全稳定的政治环境对推进我国海洋产业园区的发展与海洋强国战略具有重要意义，应在如下两个问题上加以注意。一是重视区域的政治安全联系。在重点区域建立次区域多边安全合作机制，例如，在南海建立共同捕捞制度，开展联合巡逻以及双边或多边联合军事演习。树立开放合作的理念，调动区域内各方在安全领域积极合作，回应区域内各方的关切，提供区域安全治理的公共产品，建立完善的地区合作机制。对于各方对“一带一路”倡议意图的怀疑，应采取具有针对性的沟通方式，表明中国的意图。通过往来实现经济合作同安全合作的双向驱动，对地区和项目的风险进行客观评估，同安全关系良好的国家率先推行安全领域合作，稳定“一带一路”倡议环境。二是积极回应大国的关切。对大国的关切提出有针对性的合作原则，同美国在地区安全和海洋安全领域进行磋商；同俄罗斯在经济及地区安全方面进行合作；同欧洲的经济战略实现对接；同日本等与中国存在海洋争端的国家在“一带一路”的框架内积极合作，淡化海洋争端的影响。争取同沿海国家在海洋产业园区、海洋航道、海洋资源开发、海洋经济、海洋环境保护等领域进行密切合作，共同应对海洋非传统安全问题，淡化海洋争端的负面影响。通过“一带一路”实现陆地与海洋统筹，实现地区国家和大国利益协调平衡，为我国海洋产业园区的发展提供稳固的政治环境[32]。

3. 加强人文交流

首先，使“一带一路”成为我国海洋强国文化理念的传播媒介。当今，个别国家对我国海洋强国的目的存在质疑，“一带一路”有利于传扬我国以“和合”“仁政德治”为代表的传统思想，打消沿线国家的顾虑，增强其与我国在经济发展中形成共同体的意愿。其次，“一带一路”有助于丰富我国海洋强国建设的时代内涵。在推进沿线国家和地区互联互通的同时，应弘扬全球治理的价值观，促进地区间的对接和联通，增进各国人民之间的往来和文明互鉴。打造中国海洋强国战略的新型价值体系，要弱化崛起，强化共享理念；弱化“一带一路”的政治色彩，突出文化的吸引力[33]。最后，主动汲取欧洲传统海洋强国的有益经验。“一带一路”贯穿亚欧大陆，加深了中国同英国、德国、法国、西班牙等传统海洋强国的经贸往来和文化交往。我国在建设海洋产业园区的过程中，需要学习吸收西方海洋强国兴起的经验，要拓展中国海洋强国建设的思维方式，不断丰富海洋产业园区建设的理论内涵[32]。

(二)建立以“两带三心五圈”为载体的国内区域合作机制

我国海洋产业园区的发展需要协调国内沿海沿江地区的经济发展情况，从全局利益出发，对“两带三心五圈”进行整体规划，使各地区扬长避短、协同发展。“丝绸之路经济带”将加快国内海洋经济发展步伐，尤其是对西北内陆地区，将产生极大的带动作用。

1. *海洋产业协同发展策略*

产业协同是“一带一路”和“两带三心五圈”区域发展的共同目标。

就海洋现代贸易与服务业而言，贸易及物流是“两带三心五圈”各地区海洋产业规划的重点，差异化定位、精细化发展将成为现代海洋服务业的发展方向和趋势。健全港口服务，保障海洋工业配套服务体系，推进海洋信息服务建设，提供海上通信、海上定位、海洋资料及情报管理等公共服务将成为“两带三心五圈”的发展共识[34]。东南部地区现代海洋服务业的发展水平较高，对当地经济及其他地区的带动作用较大，可将东南部地区定位为“两带三心五圈”海洋经济的先锋，应重点发展金融、港口物流、贸易会展、电信等产业，将领先企业打造为优势品牌，提升服务的标准化程度与现代化水平，增强海洋产业的核心竞争力。其他地区则根据区位条件，依托附近港口物流，以协调互补为原则，将整体利益与自身利益相协调，确定当地海洋贸易与服务的方向与内容，避免同质恶性竞争的出现。

就海洋生物科技产业而言，应针对本地区的海洋资源实际状况与优势，以差异化为重要规划原则，布局产业配套设施。广泛开展“两带三心五圈”内的海洋科学技术方面的交流与合作，推动技术进步与行业发展。根据“两带三心五圈”各地区的特点，充分发挥产业、研发、资金、技术等优势，加快海洋药物、工业海洋微生物产品、海洋生物功能制品、海洋保健品、海洋生化制品的研发与生产基地建设。

就现代海洋渔业而言，“两带三心五圈”应从全局出发，统筹分配海洋渔业资源的利用，发展养殖、捕捞、加工、休闲渔业等一系列的现代海洋渔业产业链。大力推进设施渔业和碳汇渔业的发展，创新养殖方式，提高养殖的科技水平，注重保护生态环境；推动渔业综合基地建设，加大科技研发力度，完善生产及深加工流程，丰富补给途径，开发相关旅游项目；提高远洋渔业基地和渔业船队的现代化程度，打造龙头企业和特色产业园区；重点发展观光渔业、休闲渔业等现代旅游业，满足不同消费者的需求，提高第三产业收入。

就海洋旅游产业而言，“两带三心五圈”具有丰富的海洋旅游资源，可以考虑从海洋景观、滨海体育、游艇游轮旅游、休闲疗养、海洋文化、历史文化、娱乐美食、商贸会展、海洋节庆等多方面发展，满足不同群体需求的旅游项目。

就海洋能源与资源产业而言，海洋油气资源的开发、勘探、储备、加工、利用应突破地区间的壁垒，加强“两带三心五圈”在海洋资源方面的交往与合作，共同推进产学研一体化进程，提高天然气水合物和深海油气的勘探与开发，海水综合利用的工艺与装备，风电、潮汐等海洋清洁能源的应用以及海水化学资源及其深加工产品等领域的科研技术水平，将科研成果运用于生产生活。对生产基地和战略储备基地加大投资，完善基础设施建设，为产业发展创造良好的条件。

就海洋船舶与工程装备制造业而言，由于工艺的特殊性，船舶和工程装备的制造、修理、改造需要独特的港口和腹地等区位条件，“两带三心五圈”应结合当地的自然环境与产业基础，注重船舶设计、制造工艺和自主研发水平的提升，以独特的产品占领市场，获得收益。不同类型的企业应有不同的产业发展定位，如高技术企业、大规模企业、高附加值企业、中小企业，均应客观分析自身优势与客观环境，扬长避短，避免盲目竞争，减少资源浪费，提高经济效益。

2. 海洋产业协同战略保障机制

首先，建立基础设施联动机制。一是加强涉海基础设施空间规划协调，进行基础设施的标准对接，完善交通基础设施、信息基础设施、口岸基础设施、航空基础设施、油气及电力能源基础设施建设，综合完善交通、供水、供电等体系，加强海洋产业园区间的产业分工与协作[34]。二是加强基础设施资金保障。借助亚洲基础设施投资银行成立的重大发展机遇，广泛吸引民间资金投向海洋产业开发中来，发挥上海国家海洋金融中心、深圳前海国家海洋金融中心、天津国家海洋金融中心的资源配置枢纽作用，进行专项海洋开发的国际融资。向重点扶持的海洋产业提供涉海基础设施专项贷款，以满足发展需要。对于实力比较薄弱的中小企业，往往面临着资金短缺的局面，可以通过成立海洋开发银行，向其提供低息、贴息、免抵押贷款等优惠政策。

其次，建立管理政策法规协调机制。一是建立多层次的协调机制。“两带三心五圈”的地理位置优越，经过长时间的积累，与周边区域建立了国际间交流以及包括中央政府、地方政府、企业、行业协会等多种形式的国内交流，构成了一种跨区域、多层次、多角度、网络型的协调机制。应长期加强各种类型的区域间稳定交往，借鉴国内外先进经验，可以定期举行区域内领导人会晤，通过交谈在发展战略上达成一致意见，形成具有指导性的纲领文件，还可以成立区域合作委员会，定期举行联席会议，讨论并决议海洋产业园区的重大项目及决策，有利于加强统筹协调与监督管理，提高决策的科学性，也推动了“两带三心五圈”范围内的经济交流与合作。二是制定海洋产业园区合作的政策规范。“两带三心五圈”范围内地区应推进跨地区海洋法的完善工作，明确各主体在区域合作过程中所具有的权利、应尽的义务以及违规处罚措施。同时，应制定区域范围内针对合作的规则，有助于海洋法规的有效实施。三是形成跨区域海洋协同管理机制。建立跨区域的国家海洋权益维权基地，探索海上联合执法行动规范，制定海上应急执法工作预案，提高海上执法能力和处理突发事件的能力，强化对行政管理海域的巡海监管和对各种海洋涉外活动的监管，保障海上通道安全，维护我国海洋权益。构筑高标准的海堤防灾体系，完善海洋灾害预警、灾害风险评估系统、应急决策系统、监控和救助指挥系统，实行预警动态会商和信息发布制度[34]。四是加强人才交流。打破行政区划的限制，加强“两带三心五圈”海洋专门人才交流与引进工作，搭建多种公共服务平台，共享海洋人力资源与科技成果的相关信息，推动人才交流与成果的产业化应用。

最后，建立海洋可持续发展保障体系。一是协调区域间产业体系。通过“两带三心五圈”区域管理制度和法律规范进行宏观协调，开拓地区间、产业间的合作交流，战略咨询机构就各区域内部及区域合作过程中存在的问题与发展策略提供专业化咨询服务，定期举办海洋产业合作与发展论坛，避免“两带三心五圈”内部的恶性竞争、资源浪费和环境破坏。二是完善可持续发展的保障体系。加强海洋经济统计，监测海洋经济的运行并定期发布运行数据、评价分析资料等监测结果，协助地方政府、企业等机构及时掌握经济运行情况，有助于作出正确的战略调整。加大海洋环境监测力度，定期评估海洋生态环境，特别是海洋产业园区周边的生态环境状况，制定监察管理办法，配备专业人员开展监察工作，严格按照环境标准与监察制度开展工作，对存在环境问题的地区、园区或企业限令整改，督促相关企业和个人在生产过程中提高环境保护意识，确保海洋经济发展与资源环境承载能力相适应。注重“两带三心五圈”的信息交流与沟通，共同推进海洋环境保护与海洋产业园区的可持续发展。

第九章　中国海洋产业政策转型：从行业导向转向集群和园区导向

海洋产业园区政策是海洋产业政策的重要组成部分和形式。随着海洋产业的不断发展与深化，发达国家和地区经过一系列探索与尝试，其海洋产业政策正在经历着重大转变，即从行业导向和要素导向政策转向集群和园区导向政策。新时代我国应借鉴国际经验，结合海洋产业发展的实际情况，逐步实现海洋产业政策向集群和园区导向的转变，建立更加具有创新导向和强化产业自生能力的海洋产业政策体系。

一、发达国家和地区海洋产业政策的转型

海洋产业园区的发展离不开科学有效、具有积极促进作用的产业政策的扶持。由于我国尚处于海洋经济发展的初级阶段，缺乏海洋产业政策制定的相关经验，难以有效推动产业发展与升级，因此需要借鉴发达国家和地区的经验。欧盟、挪威和我国台湾地区的海洋产业已经发展得较为成熟，经过长时间的实践和改良，这些发达国家和地区逐渐摸索出了适用于海洋经济发展的产业政策，对我国海洋产业园区的建设具有极大的启示作用，值得我们借鉴。

(一)欧盟海洋产业政策转型经验

欧盟海洋产业政策的发展经历了向集群导向政策的转型过程，欧盟委员会在海洋经济发展的过程中逐渐发现了海洋产业集群的重要性，并提出建立海事集群的产业政策，大大提高了海洋经济实力。

欧盟委员会于 2007 年 10 月 10 日公布了《欧盟综合海事政策蓝皮书》，

通过政策、机构改革、机制创新、法律实施等多层次体现了可持续发展的理念。欧盟委员会提出了跨部门的系列综合性政策框架。

欧盟委员会在《欧盟综合海事政策蓝皮书》中提出了“集群+中心+网络”的海事发展框架。通过该政策的第一阶段行动计划，鼓励建立“多产业海洋集群”与区域性“海洋卓越中心”，整合欧盟的海洋产业，并提高其全球竞争力。欧盟委员会认为多产业集群在欧盟海洋政策中占有核心地位，鼓励建立“多产业集群”。这些海事集群的建立，将有助于维持欧洲在海洋知识领域的领先地位[35]。欧盟还鼓励建立区域性“海洋卓越中心”，实施公共与私营领域合作，将为不同产业和行业间的互动提供良好的框架。

建立“多产业集群”和区域性“海洋卓越中心”以促进欧洲海洋集群网络的发展，欧盟采用了一种集中优势力量的方法，整合公与私、不同产业和行业，架构了欧洲海事集群网络，这样可以最大限度地发挥地区优势，提高竞争力。通过整合优势力量——“集群”和“卓越中心”参与世界竞争，从而保证欧洲海洋产业在全球的领先地位[35]。

2005 年，由欧洲 10 个国家的海事组织创建的欧洲海事集群网络在巴黎成立。该组织每年举行一次欧洲海事集群会议，定期发布简报，建立了 19 个专门海事产业协会，旨在加强各国海事集群的交流，提高集群的国际竞争力[36]。

（二）挪威海洋产业政策转型发展经验

1. 基本概况

（1）挪威海洋产业概况

挪威是世界上拥有船舶最多的国家，是第二大海洋油气船舶拥有国。海洋油气产业在挪威海洋产业的地位日趋重要。过去几年，挪威虽然面临金融危机的冲击，但海洋经济总体上实现了快速平稳增长。具体体现在：一是海洋产业增加值增长迅速，增加值累计增长率 100%，年均增长率高达 13%；二是海洋油气船舶增长非常迅速，自 2004 年以来增长了近 5 倍；三是挪威在世界船舶行业的份额出现明显下降，且挪威船舶产业增加值占其海洋产业增加值的比重下降超过10个百分点；四是海洋油气产业是挪威海洋产业增长最为迅猛的部分，海事设备行业增加值的比重由2004年的13%大幅升至20%，而海事服务业的比重则由20%稳定地升至23%。

(2) 主要产业

挪威海洋产业主要由造船航运业、海洋油气业、海洋产品和服务产业三大产业组成。

造船航运业：作为一个海洋国家，挪威的造船航运业具有悠久的历史传统。在公元800年的维京时代，挪威便开始制造和经营船舶。1880年，挪威成为世界第三大航运国。在两次世界大战期间，挪威大量生产捕鲸船、班轮和坦克船，并成为世界坦克船最重要的生产国。

1975—1985年期间，全球造船业竞争加剧，亚洲造船业在生产效率方面有了显著提升，挪威造船和航运业遭受重大挫折，船舶产量下降了76%。面对不能与低成本的亚洲船厂竞争的现实，挪威造船厂转而充分利用其自身能力和技术优势，将业务重点移向技术先进的船舶和海洋油气产业。

目前，挪威造船企业关注的重点已由生产环节转向开发新的技术解决方案和知识。挪威造船厂已经生产和交货了一些全球技术最为先进的船舶，特别是在海洋油气产业领域。

海洋油气业：1972年，为充分获取北海油气资源的收益，挪威国家石油公司Statoil宣告成立。20世纪70年代的石油危机加速了北海油气资源的开发进程。挪威利用自身在海洋领域的竞争优势，制造出许多技术先进的船舶，特别是用于海洋油气开采的先进船舶。

同时，许多传统的挪威船厂和船坞企业将主营业务转向海洋油气开发领域，成为海洋油气关键设备的供应商和设备安装的服务商。海洋油气产业的繁荣极大地提升了挪威在全球海洋产业的地位。2009年，挪威的石油和天然气产值约占国内生产总值的20%。

海洋产品和服务产业：传统海洋大国的历史积淀和海洋油气开发的全

球领先，为挪威发展海洋产品和海洋服务业创造了得天独厚的条件。目前，挪威的海洋设备制造商已深入参与海洋产业供应链所有环节的分工协作，如动力和推进系统、管道系统、航行设备、热系统、配件、钻井设备、定位系统等。

根据挪威海运出口商协会(NME)的一项研究，挪威的海洋产业供应了全球5%的船舶装备，且其船舶装备产量的70%用于出口。挪威海洋服务行业约雇用2.2万人，其在2007年创造的产业增加值约为260亿挪威克朗。挪威是全球海洋服务领域的一个重要的参与者和提供者，其优势领域包括船舶融资、船舶保险、船级社、经纪和港口服务。

2. 挪威海洋产业发展模式和产业集群

(1)发展模式

挪威的海洋产业集聚由不同地区各具特色产业集聚组成，而且其产业集聚具有完备性，是世界上少有的一个实现了海洋经济产业完全集聚的国家，从而确保了挪威成为全球海洋产业集聚最先进的国家。挪威的海洋经济产业细分为：海洋油气产业、船舶齿轮制造、港口和终端服务、海洋研发机构、船东和船舶经理人、海洋保险公司、船舶融资机构、船舶设计、船舶制造和修理的船坞、海洋软件生产商、奥斯陆证券交易所、海洋教育、船级社、船舶经纪人。

挪威在海事产业和海洋油气集聚方面是全球的领导者，之所以能实现海洋经济产业的完全集聚，其基本成因可能有以下五点：一是从维京时代开始，挪威便成为一个航海之国；二是挪威拥有大量敢冒风险的船东和船舶投资人；三是挪威拥有大量技术创新型的船坞和船舶设备制造商；四是挪威在海洋金融和海事服务方面拥有商业竞争力；五是挪威在海洋经济研发方面处于全球领先地位。

(2)产业集群

挪威虽然是一个仅有500万人口的小国，但其海洋产业高度发达，很早就开始海洋产业集群的发展与建设，成果也相当丰厚，在沿海岸线建立了多个与海洋相关且综合的产业集群，传统产业集聚有渔业、海洋工程产业、船舶制造、海洋金融等；新型海洋集聚有水下集群、石油开发、海洋钻探集群等。在过去的20年中，挪威海洋集群通过不断转型和发展，终于实现强大的国家级产业集群，2018年挪威海洋产业生产总值达到2100亿美元，其中，传统产业在逐渐下滑，新兴海洋产业越来越重要。

挪威的海洋产业集群在近20年中也成功实现了国际化。实现国际化需要有一定的发展基础以及能力的支撑，除了自身的水平达到一定的程度，企业的管理也很重要。能力是走向国际化的基础，挪威在离岸海洋工程产业集群、水下集群、石油钻探集群等方面拥有较高的水平，分别来自良好的技术、教育的互动以及政府的支持。挪威海洋产业发展已有很长的历史，技术的积累是很可观的，连带影响到配备的强化和技术的提升，挪威也从政府角度建立知识中心，由十多人的精英团队来驱动与辅助产业集群的发展，组织一些会议、论坛，邀请海外先进企业、研究人员以及产业代表共同参与，进行多方面交流，并提出了具有建设性的建议，把资源集聚，并且将其联系起来，为挪威的海洋产业提升额外的附加价值。国际化的管理也是搭配知识中心与管理机制来共同实现，知识中心在企业关系网络起到关键的作用，最关键的机制还是企业间非正式、基于历史关系的管理机制，可以实现企业、研究机构、大学之间的交流，打造互信的关系，实现共同的合作[37]。

3. 国家扶持政策

(1)政策支持

挪威政府一直致力于提升挪威海洋产业的长期竞争力。政府不仅向海洋企业提供信贷、保险、税收和研发等方面的支持，而且为海洋企业及其员工的成长创造良好的外部环境。同时，挪威政府还注重与商会、企业之间的沟通协调，根据企业的需求向其提供服务。

税收政策：挪威政府通过降低税率的方式来扶持海洋企业的发展。目前，挪威的税收政策趋于稳定。在2008年之前，海洋税收政策的稳定程度不高，税收政策两年变动一次，不利于企业形成稳定的税收政策预期。2008年以后，挪威税收政策处于稳定状态，有利于挪威海洋产业的长期投资维持稳定。

出口信贷：1978年以来，挪威大量运用出口信贷方式支持国内企业出口海洋工程的技术和设备。例如，挪威的国有银行DNB、Nordea向出口企业提供了大量出口信贷。而出口信贷担保公司GIEK则向银行的出口信贷提供了再担保服务。目前，GIEK向出口信贷商提供了约1500亿挪威克朗的担保。其中，GIEK提供的浮动利率贷款和固定利率贷款的比例几乎各占一半。

研发资金：2006年，挪威政府设立了挪威专业化中心(NCE)。挪威海洋领域的研究与开发(R&D)支出占国内生产总值的比例约为5%，主要来源于私人部门和政府部门。其中，私人部门海洋R&D支出占国内生产总值的比例为4%，政府部门R&D支出占国内生产总值的比例为1%。挪威海洋R&D资金的管理非常规范，有一个独立机构专门负责。挪威贸易和工业部不具体负责海洋R&D资金运用的管理。

外部环境：在创造良好的经商环境、便利公共机构和海洋企业之间的联系方面，挪威的地方政府也发挥着重要作用。例如，在南孙墨尔(Sunnmre)地区建立了一个非常强而有力的基础设施和运输网络，为该地区海洋企业创造了有利的工作条件，便利了该地区与外界的人员流动与货物运输。

政府与商会的沟通机制：挪威的海洋行业协会商会发挥着政府与会员企业之间的桥梁和纽带作用。行业协会收集会员企业的意见和资料，将其传递给政府。同时，行业协会商会经常与政府开展合作参与海洋政策的制定工作，向会员企业宣传政府的相关政策。挪威很小，管理模式扁平化，管理层级很少，海洋相关领域人员之间的联系非常密切，因而，挪威各行业协会商会能深度参与挪威海洋政策制定的过程。

(2)战略导向

挪威海洋企业之所以能长期牢牢占据全球海洋产业的制高点和前沿领域，与挪威政府的海洋战略指引密不可分。挪威海洋的主管部门——挪威贸易和工业部通过制定发展战略和实施工作计划来引导海洋经济的发展方向。2010年1月，挪威政府启动了一个新的项目——21世纪海洋，其战略目标是在海洋经济领域实现环境友好型的增长，并成为在全球海洋产业的领导者。该战略包括五大优先领域：全球化和竞争性框架条件、环境友好型的海洋产业、以技术技能为基础的海洋产业、海洋研发和创新、北海海洋经济高地。

全球化和竞争性框架条件：政府的目标是支持海洋产业的全球监管，以防范补贴和税收竞争，改善市场准入、环境解决方案和良好的工作条件。采取的措施包括：促进海洋产业竞争性和海洋产业部门条件的可预测性；保持和改善海员的净工资系统；强化挪威作为一个有吸引力的挂方便旗的国家的地位；制定一部新的海事劳工法律。

市场准入、双边合作和市场推广：挪威政府通过WTO协商、欧洲自由贸易联盟(EFTA)的自由贸易协定、双边船舶协定和其他重点海洋国家的合作，积极寻求国际市场准入和可预测的框架条件。具体内容包括：WTO和全球服务业贸易协定(TISA)；EFTA的自由贸易协定谈判——对印度尼西亚、印度、越南、马来西亚；双边自由贸易协定谈判——对中国；未来的海洋协定谈判——对巴西；品牌和声誉的塑造；挪威的创新力在双边经济交往中发挥着关键作用；海事谅解备忘录——与中国、印度、日本、俄罗斯、新加坡、韩国。

政府支持的挪威出口信贷系统：挪威出口信贷银行向挪威商品和劳务的进口商提供固定利率的出口信贷，出口信贷按照市场条件发放。挪威出口担保机构(GIEK)向挪威出口信贷银行或商业银行发放的出口信用贷款提供担保。在出口信贷方面建立国际工作组机制，挪威政府支持的出口信贷系统受到经济合作与发展组织(OECD)关于政府支持出口信贷的安排和通行做法的约束。

环境友好型海洋产业：挪威政府的目标是确保挪威的海洋产业成为世界上最为生态友好型的产业，且在提供海洋产业发展新的解决方案方面是世界的领导者。政策措施包括在削减船舶的温室气体排放方面，挪威政府将继续与国际海事组织合作，建立一个有国际约束力的气体排放削减机制；政府将鼓励公共机构在购买船舶公司的运输服务时，考虑环境方面的要求；政府将制定一个鼓励绿色船舶的行动方案。

基于技术技能的海洋产业：政府的目标是将挪威打造成世界领先的海洋技术技能中心。措施包括基于与挪威的海事技术技能基金的合同，政府将继续推进海洋职业化；政府将会重新评估大学及其学院等下属机构的资金用途。

海洋研究与创新：关键的海洋创新特定领域包括环境、先进的运输和物流、对环境友好型海洋作业的需求。之所以选择这些特定领域，主要是因为这不仅可提高海洋企业的技能和经验，还可以为挪威企业带来新的商业机会。海事和海洋油气计划(MAROFF 计划)针对的目标群体是船舶公司、造船厂、服务提供商和设备供应商所拥有的所有类型的船舶和水产养殖设施，将对挪威海洋产业具有重要价值的技术研发和社会科学的研究提供资助。

北海海洋经济高地：政府的目标是将挪威建设成为一个高效、安全、环境友好型的海洋运输和创新国家，在北极地区开展高附加价值的经济活动。措施包括以下几点：一是挪威政府计划与国际海事组织展开合作，制定一个在极地水域航行有约束力的全球监管框架，如极地法典(Polar Code)；二是政府将会努力改善斯瓦尔巴群岛附近海域的航行条件；三是在北极地区现有的法律政策框架下，挪威政府计划建立一个国家级的培训中心，加强对在极地海域航行的海员技能的培训。

(3)微观方向

除政府政策因素外，企业之间的关系网络、创新和企业家精神、研究开发与教育、作业经验和商业合作、资本的可获得性等微观层面因素，对挪威海洋经济的集聚发展也起到了至关重要的作用。

关系网络与股东之间的互动：在海洋产业集聚的过程中，企业股东之间的联系非常重要。股东之间的关系网络可采取多种形式，如共同投资某个项目、企业之间建立常态联系机制并协同进行商业推广、品牌和形象塑造、战略国际化、技术开发和教育系统等。挪威船东之间的关系网络不仅提升了挪威海洋经济的竞争力，而且为海洋产业集聚区的形成打下了扎实的基础。

创新和企业家精神：企业家精神是创新的核心。企业家具备感知市场机会、接受挑战和动员资源的能力。对于企业家而言，获取外部环境的支持非常重要，如研究开发、教育系统、良好的交通和基础设施、地方政府支持以及集聚区的良好管理。创新和企业家是墨勒(More)集聚区的一个关键因素。企业家愿意投资研究开发、提供新的作业方案和商业概念，使得该集聚区处于国际市场的领先地位。

研究开发与教育：研究开发与教育是任何一个集聚区发展的关键因素。吸引人才和提高公共及私人部门的知识水平与技术能力，是获取一个产业集聚区长期竞争力的关键举措。挪威政府支持各个不同的地区集聚区开展研发活动。通过提供资金和设立研究项目等方式，挪威技术中心促进了不同集聚区之间的研发合作。产业和教育之间的密切联系有助于促进海洋产业经验和知识的转移。教育机构可以根据海洋产业的需求制订教育计划。

作业经验和商业合作：集聚区为区内的各成员企业提供了大量的资源和信息，特别是隐含类知识。隐含类知识通常是在作业经验和商业合作的基础上形成，有助于开发新的商业机会与提高市场有效性程度。在挪威海洋经济集聚区内部，船东、船坞和设备供应商、船舶设计者之间的密切合作和作业经验分享，是挪威能成功地开发国际先进技术和提出作业解决方案的一个关键机制。

资本的可获得性：对于任何一个集聚区而言，持续不断的外部资金支持是进行持续性的研究开发、教育、创新和企业家活动的基础。风险投资基金、直接投资(FDI)和政府资金对于集聚区的繁荣发展非常重要。多年以来，挪威在航运融资和海洋资本市场方面一直是全球的领导者，奥斯陆证券交易所是全球最大航运类股票的证券交易所。

船舶融资总部设在奥斯陆 Nordea 船舶银行的总资产达 1250 亿美元，而该国的最大银行 DNB 的船舶贷款规模为 110 亿美元。同时，挪威在船舶保险领域也是全球领导者，Gard、Skuld 是其中的杰出代表。上述机构代表了挪威海事产业发展的金融资本来源。此外，在墨勒地区，海洋企业强劲的研发和技术创新能力、高素质的人力资本和雄厚的金融资本实力，吸引着大量 FDI 资本流入该产业集聚区，如劳斯莱斯海事、国家油井和康斯伯格海事等。

(三) 我国台湾地区海洋产业发展转型经验

1. 基本概况

随着陆地上的资源趋于匮乏，人们开始把目光投向海洋资源的利用与开发，在重视可持续发展的 21 世纪，人们均是在兼顾海洋环境与生态保育的前提下，积极对海洋资源与功能进行开发利用，同时也调整海洋相关政策。我国台湾地区为四面环海的岛屿，有着丰富的海洋资源，该如何掌握自身的海洋优势，发展出台湾特色的海洋经济发展策略，成为当前重要的课题之一。

台湾地区位于亚洲东部，除了本岛及兰屿、绿岛等 21 个附属岛屿外，还有澎湖列岛的 64 个岛屿，土地总面积约 3.6 万平方千米，所辖海域约为陆地面积的 5 倍。台湾地区七成的陆地为山地与丘陵，陆地上的自然资源相对有限，海洋资源便成为台湾地区发展的重要资源。过去，台湾方面在政策制定上大多有“重陆轻海”的倾向，海洋相关议题的预算投入也较为不足，所以产业发展有限，对海洋仍保持着传统的思维，产业活动局限在捕捞、养殖等传统产业，也较缺乏生态保护意识。如今台湾方面已渐渐重视海洋资源的价值，评估各种可利用的海洋资源，在传统产业的基础上进行产业升级。在国际上，海洋经营已经由过去的控制海洋、利用海洋逐渐转变为保育海洋以及重视海洋环境的永续性发展。

2. 台湾地区海洋产业发展情况

海洋产业一般可定义为开发、利用海洋资源与空间的人类经济行为，其经济行为视为产业活动。台湾有关方面 2009 年在海洋文件中拟定海洋产业政策，将海洋产业范畴归类为三大类与 11 项产业部门，产业部门分别为：海洋渔业、海洋油气与矿业、船舶建造与维修、海洋运输业、海洋旅游业、海洋建筑业、海洋电能业、海洋科技制造业、海洋金融服务、公共服务、海洋教育与科技研究。

海洋资源的应用早已是世界各国的发展趋势，台湾地区拥有得天独厚的优势条件，不该在海洋产业发展的舞台上缺席，因此，台湾海洋大学以海洋领域学术领头羊的角色，进行并推动具有优势的海洋特色领域研究，强化产学研发，并以台湾海洋大学为中心，结合近郊的海洋科技博物馆、碧砂渔港、游艇码头、水产试验所、和平岛海滨地质公园、基隆港等机构，形成高级别的“海洋园区”，扩大学校对社会的贡献与影响力，扮演着发展海洋新兴产业的重要推手[38]。

3. 扶持政策

游艇制造产业为高雄重要的海洋传统产业，高雄市已将其列为海洋旗舰产业。过去，台湾地区的游艇工业在国际上都占有一席之地，以大型游艇出口数量计，排名为亚洲第一、全球第六。日治时期，台湾的渔业皆为沿岸渔业，以使用无动力的木制船筏为主，直到日本投降后才有了第一艘动力渔船，之后台湾当局也积极辅导渔业，带动台湾地区渔业迅速发展，成为远洋渔业先进地区之一，更带动了台湾渔船需求量的增加，民间的造船厂如雨后春笋般蓬勃发展，尤其更以高雄旗津为首。民间的造船业过去几十年来都以建造渔船为主，近十年来，受到渔业资源枯竭的影响，台湾当局也实施渔船限建政策，加上高油价与全球经济不景气，造船产业受到前所未有的冲击，势必要积极谋求转型。在台湾造船工业同业公会和工业局造船工业发展策略小组共同推动之下，先积极争取海巡署的订单，从 100 吨级与高速级私人游艇订单，一路建造到目前的 3000 吨级巡防舰，不仅弥补了渔船限建所造成的空当，造船技术也因为海巡舰艇的需求提高而日益精进，建造及维修方面也降低了许多成本，形成双赢的局面。

虽然造船业因政策遭受到打击，但也成功提升了渔船建造水平，从公务船、海巡舰艇、军用船舶等进入到商船、豪华巨型游艇、油轮、化学轮等海洋研究船领域，全面带动台湾民间造船业的产业升级。游艇业经过多年的努力，也成功打入世界游艇市场，游艇制造量曾达到世界排名第五，成为国际上著名的豪华游艇主要生产地之一，同时也积极到国外大型国际游艇展参展，获取他国的肯定。台湾地区的民间造船厂主要以高雄旗津为基地，重视产品质量。如今，在全球暖化的情况下，大众强调永续发展，节能环保早已成为各界一致追求的趋势，在船舶制造方面，对二氧化碳的排放也日趋严格，各大船舶厂皆致力于提高船舶能源的使用效率，逐渐发展出太阳绿能、油电复合动力等绿色船舶，不但环保节能，而且可大幅降低噪声及振动。

随着东南亚经济的崛起，海洋休闲旅游风气盛行，促使帆船、游艇、邮轮等蓬勃发展，台湾地区现在也有建造客轮的技术。高雄市这几年也积极推动海洋休闲游憩，除了大力扶植相关产业升级外，同时成立产业协会，推动国际邮轮在高雄停泊，为高雄海洋产业发展创造良好契机。

4. 台湾地区海洋产业转型及其政策经验

(1)设置专业的海洋产业园区

产业园区的设置有利于经济的发展，在社会发展中有不容小觑的作用。我国台湾地区依照功能或是地理位置也有产业园区的设立，发展得也十分成功，为台湾地区的产业经济发展提供了相当大的帮助。

(2)将海洋产业发展与休闲旅游有机结合

在21世纪，观光产业被视为最有价值的无烟产业。台湾人在重视环保之余，对休闲活动也越来越重视，因此将海洋产业的相关活动与休闲游憩相互结合，如开放部分港口、将修整好的废弃船舶等供民众参观学习，或在沿海打造亲水游憩场所，一方面可以提升海洋产业的价值；另一方面可借此让民众了解海洋科普的相关知识。

(3)海洋产业转型及升级

如今，随着海洋科学与技术的进步，海洋传统产业也随之进行转型与升级，台湾地区通过当局的扶持与工会的协助，升级后的海洋产业可面对现在较强大的环境竞争，新的科技及技术与传统相比，可以提高生产效率以及降低成本，面对竞争激烈的市场也较有优势。

(4)设立海洋产业工会

台湾地区积极成立各类海洋产业工会。设置工会除了可以对产业进行扶持及发展外，也可以对市场进行监督及控管，对于不当竞争可以发挥调解的功能，是同业与政府沟通的渠道，在必要时可共同讨论并与政府协调，让产业的未来有更良好的发展。

二、集群导向的海洋产业政策

随着海洋经济的不断发展，行业导向和要素导向政策的局限性越来越明显，严重制约了海洋经济的持续增长，发达国家和地区纷纷改变产业政策，走向了向集群和园区导向政策进行转变的道路。在海洋集群导向政策方面，挪威、法国、美国、日本等国家积累了丰富的经验，根据各国实际情况与需求，分别制定了推动海洋产业集群发展的产业政策，具有代表性，对于我国海洋产业园区的建设有很大的借鉴作用(表9-1)。

表9-1　四国产业集群政策对比

国家	产业集群	集群构成	集群政策	制定时间	政策内容
挪威	蓝色海事集群	13个设计公司，14个造船厂，20个拥有船舶的公司，169个船舶装备供应商等；执行局(总执行官、公关部、创新研究教育部、财务部等)	创新集群政策	2014年	Arena计划、挪威专业化中心计划和全球专业化中心计划；挪威创新集群、商业网络、竞争性开发、区域发展

续表

国家	产业集群	集群构成	集群政策	制定时间	政策内容
法国	Aquimer集群	13家大中型企业，61家中小企业，24个卓越中心，以及21个其他类型的成员。卓越中心包括法国食品安全局、海洋农产品培训中心等	竞争力集群计划	2004年9月	卓越集群、全球使命计划集群、国家使命计划集群；通过绩效合同加强集群领导和战略调整；通过各种创新平台来资助研发项目；在每个集群中发展创新生态系统等
美国	10号国道海洋产业科技集群	与海洋和海岸带环境应用技术开发与利用有关的大中小型企业、联邦、州和地方政府部门，大学和非营利性组织等	区域创新集群计划	2014年	财政资金支持、设立专项基金、费用共享、加强知识生产部门的作用、鼓励创业精神、支持信贷流向企业、制订高技能劳动力发展计划并对其进行投资、在区域集群利益相关方之间建立强有力的网络等
日本	函馆海洋生物产业集群	9所大学，50个公司或行业组织，2个政府研究中心、函馆区域产业促进组织	产业集群计划、知识集群计划、海事集群计划	2001年	资助最强区域企业及院校以强化其优势、培育具有技术核心的大中型区域集群、培育以研发为导向的地方产业、建立和强化产-学-官网络、组建海事集群专家小组、从集群的视角制定海事相关产业发展政策

(一)海洋产业集群概念

海洋产业集群是产业集群、创新集群的重要成员，是海洋产业园区发展的高级形式，是海洋产业网络化发展的集中体现。国际上对海事集群的研究已经有十余年的历史，但在国内还是比较新的概念[36]。海洋产业集群

(Marine Industrial Cluster)或海事集群(Maritime Cluster)是由公司、研发创新机构和培训组织(大学、专业学院等)以技术创新和提高海事产业绩效为目的，相互合作而组成的网络，它通常得到了国家和地方政府的支持[36]。该定义来源于2005年欧洲区域海事会议发布的报告《海洋欧洲》。一般来讲，海事集群的8个组成部门是：航运、船舶制造、海事设备、海港、海事服务、油轮制造、离岸服务和捕鱼。从广义和国家角度讲，还应包括3个部门：海军和海岸警卫队、内陆航运及海事工程[36]。图9-1和图9-2分别展示了挪威、日本两国的海事集群框架，彰显了国际航运业在海事集群中的核心地位。

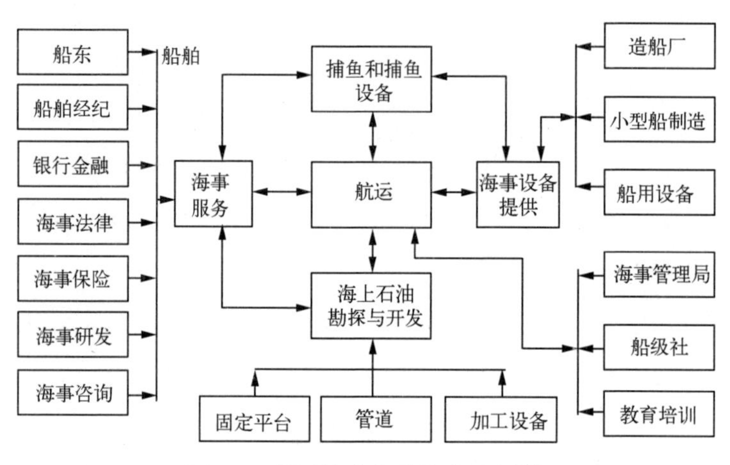

图9-1　挪威海事集群构成要素[36]

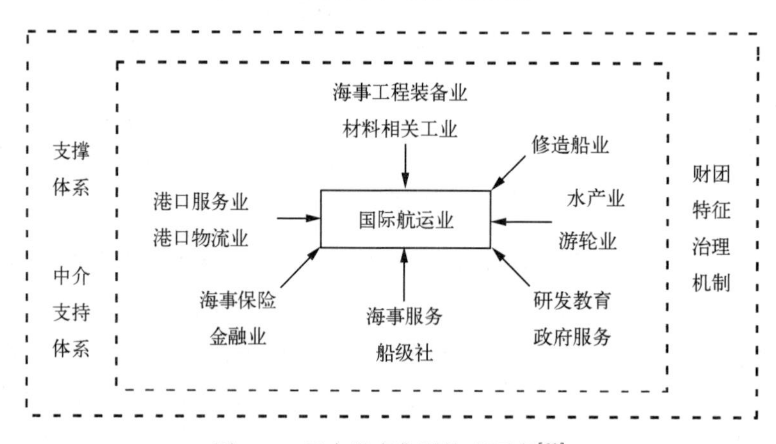

图9-2　日本海事集群构成要素[39]

海事业集群的概念在国内很少见，在国内与其相似的是航运产业集群或港口集群，但它们的内涵不同。中国目前并不存在完整的海事业集群，中国的海事部门主要是由造船企业和航运公司组成[36]。

（二）挪威蓝色海事集群及其政策

1. 集群概况

蓝色海事集群（Blue Maritime Cluster）是挪威海洋产业的领航者，位于挪威西海岸滨海城市墨勒。该集群拥有210个为全球海上石油运输装备设计、建造、管理和运行的企业，包括13个设计公司、14个造船厂、20个拥有船舶的公司、169个船舶装备供应商等。该集群拥有一个强大的管理组织，有执行局和总执行官。执行局由13人组成，分别是集群13个成员公司的总执行官。集群总执行官下设公关部部长、创新研究教育部部长和总财务官。

2. 挪威集群政策：挪威创新集群政策

挪威政府在2014年建立了一个综合性集群计划。该计划基于三个层次为处于不同发展阶段的集群提供标准化的支撑，分别为Arena计划、挪威专业化中心（NCE）计划和全球专业化中心（GCE）计划。挪威综合性集群计划包括四个方面：挪威创新集群、商业网络、竞争性开发和区域发展。2014年，该计划资助了8个集群项目和16个商业网络项目。在这8个集群项目中，2个被授予全球专业化中心，分别是蓝色海事集群和NODE油气集群，这两个都与海洋园区相关，显示了挪威海洋产业的全球领导地位。

在挪威三个层次的综合性集群计划中，Arena计划于2002年发起，其旨在支持创新网络，充分考虑部门、区域和集群发展阶段的差异，加强商业部门、知识供给者和公共部门之间灵活的互动。该计划资助每个集群运行的时间为4~6年。在2006年，该计划支持了17个集群，涉及330家公司、55个研发教育结构和60个公共机构。该计划年度预算400万欧元，平均每个集群每年20万欧元。

NCE计划于2006年开始实施。NCE计划试图启动和加强少数具有国家重要性的集群的合作性创新和国际化进程，以促进创新引领的经济增长。该计划资助每个集群运行的时间为10年。在该计划实施的第一年，支持了6个集群，涉及110家公司、35个研发教育结构和30个公共机构。该计划年度预算450万欧元，平均每个集群62.5万欧元。

挪威采取了三部门共同协调推进集群计划的发展路径。这三个部门分别是创新挪威公司、挪威产业开发集团（SIVA）和挪威研究理事会，前两者隶属于贸易工业部，后者隶属于挪威教育研究部。三方于2005年签署了风险投资协议，旨在密切且约束地合作，为全国用户提供统一的服务。创新挪威公司创立于2004年，是一家国有企业，统一负责原来由4个局分管的创新政策的非研发方面，帮助创业者和中小企业获得风投资金、知识和进入商业网络，促进它们的创新、国际化和商业化。SIVA拥有60个科学园区、孵化器和投资公司。挪威研究理事会负责国家创新政策的研发方面，下设一个创新部，它的地区办公室和创新挪威公司的地区办公室在一起。

（三）法国Aquimer集群及其政策

1. 集群概况

Aquimer集群位于法国北部沿海港口城市布洛涅，是法国71个具有国际竞争力的集群之一。它以生态农业、生态农作物为主题，强调海洋食物和水养殖业的价值。该集群在2013年拥有119个成员，包括13家大中型企业，61家中小企业，24个卓越中心，以及21个其他类型的成员。卓越中心包括法国食品安全局、海洋农产品培训中心等。

该集群在2008—2011年期间获得28个项目的资助，其中18个项目已经完成，获得项目经费达6390万欧元，其中来自单一国际化基金（FUI）的经费为980万欧元，来自法国国家研究局的经费为1260万欧元。

该集群取得了可观的成绩。在2008—2011年期间，集群获得专利

2件，发表科学论文8篇，开展国际科学交流70次。

2. 法国集群政策：竞争力集群计划

法国国土规划部于2004年9月提出在全国范围内建设“竞争力集群”的计划。竞争力集群分为卓越集群、全球使命计划集群、国家使命计划集群三个等级。所有的竞争力集群都由特定地区基于已有的产业和科研基础向国土规划部提出申请，经由地方政府、跨部会专家、专业资格评审等三级评审并获得批准后开始发展。

竞争力集群是指在特定的地理范围内，一些企业、公司或私营研究机构以合作伙伴的形式联合起来，相互协同，共同研发以创新为特点的项目[40]。该计划在2005—2008年和2009—2011年两个时期内，共扶持了889个研发项目。第一阶段公共领域投资达17亿欧元，其中11亿欧元由中央政府提供。第二阶段投资达150亿欧元，主要用于三个领域：通过绩效合同加强集群领导和战略调整、通过各种创新平台来资助研发项目、在每个集群中发展创新生态系统。

到第二批集群计划实施时，法国已经有71个竞争力集群，其中，全球领先集群7个、全球使命计划集群10个、国家使命计划集群54个。2008年法国政府对竞争力集群进行了第三方评估和调整，波士顿咨询集团(BCG)和CM国际咨询公司共同完成了对法国竞争力集群的评估，认为在71个竞争力集群中只有39个集群实现了预定发展目标，而13个最弱的集群与预定目标相差甚远。2009年法国国家审计法院对竞争力集群进行了审计，建议减少竞争力集群数量以提高其效率，指出13个最弱的竞争力集群的预算资金被“慢慢消耗掉”，如2006—2008年应投资7.3亿欧元，截至审计日期还有5.4亿欧元尚未到位，占总额的73.8%。对于不符合条件的竞争力集群，取消其资格，但政府仍将继续给予支持，这些竞争力集群可以并入其他主题领域相近的竞争力集群，或者并入“企业集群”。

2011年，法国政府决定延续“竞争力集群”政策，招标选定了83个项目，分属52个集群。这些项目入选的基本条件是要注重公私合作，调动产业科研人员的积极性，并且至少建立两个竞争力集群间的联系，项目领域特别注重解决当前的社会重大需求和创新面临的挑战。每个项目经费由部级统一基金会提供 7600 万欧元，法国地方政府和欧洲区域发展基金会最高再提供 5600 万欧元。

(四)美国 10 号国道海洋产业科技集群及其政策

1. 集群概况

美国 10 号国道海洋产业科技集群(Marine Industries Science and Technology Cluster, I-10 Corridor)于 2014 年在小企业局资助下成立，它位于美国南部墨西哥湾沿岸、密西西比州西南端的汉考克县，横跨路易斯安那、密西西比、阿拉巴马和佛罗里达 4 个州。该集群围绕世界海洋学家最集中地即 Stennis 空间中心的世界级海洋技术研究的生态系统，联合联邦和州层面广泛的联盟伙伴，重点支持与蓝色技术相关的小企业的创造和增长，推动地方海洋产业的发展。联邦小企业局提供 50 万美元支持该集群的运行。

该集群拥有各式各样的地方性组织，包括大、中、小型企业，联邦、州和地方政府部门，大学和非营利组织等，它们都与海洋和海岸带环境相关的应用技术的开发与利用有关，需要将有关技术用于海洋产业，如商业性和休闲性捕鱼、造船、国防、海水养殖、离岸油气开发、环境恢复等。

该集群由密西西比技术企业公司(MSET)负责管理。MSET 是一个非营利组织，是邻近 Stennis 空间中心的小企业孵化器。集群项目经理为南密西西比大学的 Graben 教授。该集群将为小企业提供利用各种地区资源的工具化途径。MSET 和南密西西比大学为集群成员中的小企业提供直接、对接服务，包括小企业与政府部门和大企业的对接，小型高技术企业的创新文化建设等。

2. 美国集群政策：区域创新集群计划

2010 年，《美国竞争力再授权法案》明确提出实施区域创新集群计划。区域创新集群计划由白宫区域创新集群工作组主持，奥巴马亲自担任组长，主要建立联邦合作性资金流，确保区域创新投资的协调性、灵活性和区域适应性。工作组成员来自7个联邦部门，包括商务部、小企业局、教育部、能源部、劳工部等。联邦政府已经在全国设立了56个创新集群，其中商务部经济发展署牵头负责43个集群项目，包括高端制造业集群10个、一般集群20个、农村集群13个；小企业局牵头负责13个，包括3个首批集群和10个合同制试点集群。

美国联邦政府对区域创新集群计划投入了大量资金。《美国竞争力再授权法案》明确设立专项基金，要求商务部在竞争基础上将基金给合法的申请人，推动区域创新集群的形成与发展，同时要求坚持费用共享原则，不能提供多于申请设计的创新集群活动所有费用的50%。2010年，联邦政府投入3700万美元支持20个集群发展，其中劳工部投入1950万美元，商务部1450万美元，小企业局300万美元。《美国竞争力再授权法案》明确提出，2011—2013年预算投入3亿美元发展创新型产业集群。2011年颁布的《美国创新战略》再次强调要由政府进行大笔投资以促进区域创新集群发展。2012年美国联邦政府再投入2900万美元支持10个高端制造业集群。2014年美国国会授权商务部投入1000万美元直接用于区域创新集群计划。

此外，联邦政府还有大量资金间接支持区域创新集群计划，例如，2010财年有6.51亿美元预算用于支持集群相关工作，包括国家科学基金会“创新、先进技术教育和工业大学合作研究伙伴关系计划”投入2500万美元；商务部“制造业扩展合作伙伴关系计划”投入1.1亿美元，“技术创新计划”投入6500万美元；劳工部“社区职业培训计划”投入1.25亿美元，“区域经济发展中的劳动力创新”计划提供的额外投资。

除了财政资金支持外，联邦政府还制定了一系列政策，成为保障区域创新集群未来成长的宝贵资源，政策方向包括：加强知识生产部门的作用、鼓励创业精神、支持信贷流向企业、制订高技能劳动力发展计划并对其进行投资、在区域集群利益相关方之间建立强有力的网络，等等。

(五)日本函馆海洋生物产业集群及其政策

1. 集群概况

函馆海洋生物产业集群是日本著名的知识产业集群之一，2010 年被日本文部科学省授予全球型集群，目标是建成具有全球竞争力的世界级集群，吸引全世界的人力资源、技术和资金。集群总部位于日本北海道南部的海滨城市函馆。2003 年，函馆市提出打造“国际渔业海洋城市”理念。该集群的核心理念是通用海洋产业的绿色制造。该集群试图通过渔业海洋科学创新，形成可持续的海洋产业集群，将海洋作为有价值资源的巨型生产体系进行开发利用，将函馆建设成为渔业与海洋城市的国际领导者。

该集群拥有 60 个成员，包括 9 所大学，50 个公司或行业组织，2 个政府研究中心。该集群的核心机构为函馆区域产业促进组织，核心研究机构为北海道大学、未来大学函馆分校、函馆国家技术学院和函馆产业技术中心 4 家。

函馆集群拥有一个强大的组织。集群理事长由北海道道长担任，函馆市长为副理事长，项目主任为函馆区域产业促进组织副理事长、函馆产业技术中心主任。集群管理还有首席科学家 1 人，副首席科学家 3 人，首席科学家顾问 1 人，科技协调官 2 人。

2. 日本集群政策：产业集群计划、知识集群计划和海事集群计划

日本推动集群发展的政策分为三个阶段：① 启动阶段(2001—2005 年)，目标是以国家为中心启动 20 个集群项目，建设产业集群的基础设施，即构建产-学-官合作关系[41]；② 成长阶段(2006—2010 年)，目标是推进包括新产品等的开发和产业化、创业、管理创新在内的各项事业发展[41]；③ 自律发展阶段(2011—2020 年)，推动产业集群的自律发展，国家将逐步减少对集群区域的财政支持。

在 2003—2009 年期间，日本在与产业集群政策相关的措施上分别投入资金 413 亿、490 亿、480 亿、576 亿、208 亿、128 亿、166 亿日元。2009

年，日本实施了18个集群项目，参与企业共10 700家，另外有2450家企业、机构参与了项目支持，其中454所大学、研究机构提供研究开发的援助；790家贸易公司、大企业提供销售渠道；227家金融机构提供融资服务；975所地方政府机构、“产业支援机构”、商工会议所提供产业化服务。项目参加企业2005年的平均销售额比2000年增加了4亿日元，利润增加了3500万日元；与没有参加项目的企业相比，项目参加企业2005年的员工人数、销售额和当期纯利润分别高出8%、10%和1.5倍[41]。

(1)产业集群计划和知识集群计划

日本在产业基地方面的政策主要包括经济产业省发起的“产业集群计划”以及日本文部科学省发起的“知识集群计划”和“城市地区计划”。“产业集群计划”由日本经济产业省自2001年推行。该计划在北海道、东北、关东、中部、近畿、四国、九州、冲绳等9个地区，建成19个产业集群区域，由约3000家以国际市场为目标的骨干企业、中小企业和约150所大学组成。该计划采取自主参加的形式，资助对象瞄准最强区域，激活、强化其优势。经济产业省对此计划给予了充分的资金保障，在2010财年集群计划中提供预算46亿日元。

“知识集群计划”和“城市地区计划”由日本文部科学省于2002年启动。“知识集群计划”的目标包括：加强中央各部门在各项目间的合作，培育具有技术核心的大中型区域集群形成，推动区域全球化发展。“城市地区计划”的目标是培育以研发为导向的地方产业，推动集群的形成，这些集群通常规模不大，但能够最大限度地发挥地区优势。在2002—2008年，共有27个区域实施了知识集群创新政策，2007年从中筛选出9个区域予以重点资助，重点支持使其形成世界一流集群。2010财年，文部科学省在“开发创新体系计划”(财年预算为121亿日元)的框架下，将以上两项计划和“产-学-官合作战略发展计划”合并，通过建立和强化产-学-官网络，并与拥有研发潜力的本地核心高校和其他研究机构的联合研究，以形成能提供可持续创新的知识集群，促进区域可持续发展。日本文部科学省对计划投入了大量资金，“知识集群计划”2009财年预算为164亿日元，2010财年为79亿日元。“城市创新集群计划”2009财年预算达45亿日元，2010财年为30亿日元，分为两部分：一是基础阶段计划，支持10个区域，每个区域的财年预算为1亿日元，持续3年；二是发展阶段计划，支持10个区域，每个区域的财年预算为2亿日元，持续3年或5年。

(2)海事集群计划

2001年，日本国土交通省成立后就组建了日本海事集群专家小组，从集群的视角制定了一揽子的海事相关产业发展政策，以促进日本航运业走集群创新发展之路。

三、中国海洋产业政策发展与转型思路

(一)中国海洋产业政策发展脉络与现状

随着我国海洋强国战略的实施，我国海洋经济发展已初具规模，海洋产业已经引起了我国各级政府的高度重视，中央和地方政府相继出台了相关的海洋产业发展政策。我国政府于1996年制定的《中国海洋21世纪议程》和2003年制定的《全国海洋经济发展规划纲要》以及“十二五”“十三五”规划，对于海洋产业政策的制定起到了指导性的作用[42]。沿海各省、多地也都出台了海洋经济发展“十三五”规划或海洋产业发展规划，主要针对海洋产业发展，从财政政策、投融资政策、人才政策、科技政策、用地用海政策、国际合作政策等方面对海洋经济发展、产业结构优化提供全方位的政策保障。

用地用海政策方面：坚持科学用海，探索区域性集中集约用海管理模式，实行整体规划论证，提速审批。加大对相关产业集群发展和特色产业功能区建设的支持力度，优先保障具有重大影响的海洋项目用海用地指标，并以此类项目为突破口提升带动辐射功能，促使相关海洋产业集中集约发展，推动海洋产业结构升级和布局优化，壮大海洋经济总体规模，增强海洋经济发展后劲。

财政政策方面：支持具有显著的行业带动和经济拉动作用的海洋产业集聚区建设，通过加大重大基础设施项目建设投入，推进港口设施、交通路网、信息网络建设等综合交通网络和现代物流体系建设，带动产业和区域规模膨胀，形成优势海洋产业集群。

投融资政策方面：提高招商引资和利用外资水平，实行产业链招商和产业集群招商，争取引进一批产业关联度大、技术含量高、辐射带动力强的重大项目，不仅鼓励跨国公司在沿海地区设立区域总部、加工制造基地、研发中心和物流中心，同时也积极实施“走出去”战略，引导涉海企业开展跨国经营，提高对外承包工程和劳务输出水平。

科技政策方面：加快培育海洋高新技术企业，以现有海洋高新技术企业为龙头，整合高校、科研院所与重点企业的海洋科技资源，校企联合承接重大高新技术产业化示范工程，共建产业基地，逐步扩大海洋高新技术产业规模，形成规模经济，发挥集聚优势。多渠道增加海洋科技投入，规划建设一批海洋生物、海洋食品加工、海洋工程制造等领域国家级、省级的专业化、特色化园区，并开展海洋循环经济、海洋经济可持续发展、资源集约开发利用和海洋新兴产业等领域创新型园区、海洋科技研发基地、重点实验室等试点工作，加快海洋高科技产业园区建设进程。

目前，各地的规划中涉及海洋产业园区的内容极少，仅有河北、山东、福建、广西、广东、海南等少数几个地方在规划中提出了促进海洋产业集中、集约、集聚发展的政策。我国海洋产业政策仍然主要是以行业政策和要素政策为主，尚未体现集群和园区导向产业政策这一国际化发展趋势，相关的政策保障也尚未形成完整体系，有待进一步完善提高。

（二）中国海洋产业政策转型思路

在当前海洋经济发展全球化、一体化的新形势下，传统的以行业和要素为导向的海洋产业政策已经不再适用于海洋强国战略的贯彻落实，需要转变发展思路，寻求集群导向和园区导向的海洋产业政策，整合各自发展优势，实现资源、优势互补，降低管理与运营成本，产生集聚效应与规模效应，更好地促进我国海洋产业结构优化升级与海洋经济的发展，增强海洋实力，提高国际竞争影响力。

海洋产业集群同产业集群、创新集群一样在我国处于发展的初期阶段。《全国海洋经济发展规划纲要》(2003)多处提及海洋产业基地建设，《国家海洋事业发展规划纲要》(2008)强调“进一步构建各具特色的海洋经济区，推动区域海洋产业集群的形成，促进海洋经济与区域经济的协调发展”。我国《国民经济和社会发展第十三个五年规划纲要》一方面要求“加速形成特色新兴产业集群”，另一方面要求“调整优化空间结构，推动形成……可持续的海洋空间开发格局”。为此，建议将海洋产业集群化发展作为我国海洋强国建设、提升我国海洋产业竞争力的优先方向。

海洋产业集群是我国创新政策、产业政策、海洋政策和区域政策的交汇点。现阶段我国海洋产业卓越集群计划，构建以创新网络为中心、集群管理机构为抓手的集群创新战略[43]，主要包括以下几点。

①组建国家海洋产业集群与园区创新领导小组，由自然资源部、发展改革委、工信部、商务部、科技部共同负责制订我国海洋产业卓越集群与卓越园区计划。

②重点打造地方海洋产业集群创新网络，以海洋产业技术园区基地为集群依托，营造美好的集群创新环境，加强地方政府、企业、大学、研究机构、非营利组织等之间的研发合作[43]。

③由地方政府、企业、大学、研究机构、非营利组织等联合申请，与中央政府1∶1匹配资助，周期5年，平均每个海洋产业集群申请资金资助额度1亿元左右[43]。

④鼓励建立非政府部门负责的集群管理机构，负责海洋产业卓越集群计划的实施，确保地方集群创新网络的包容性、增长和活力[43]。

⑤成立全国海洋产业集群专家委员会，负责全国海洋产业集群的评价与技术指导。

⑥设立全国海洋产业集群与园区联合会，推动全国海洋产业集群的技

术交流与合作。

⑦在自然资源部党校系统开展海洋产业集群与园区理论知识的教育培训。

⑧营造追求卓越的创新文化，奖励为我国海洋产业集群事业做出突出贡献的个人和组织。

卓越集群将提升我国海洋经济的全球竞争力，全面拓展我国全球经济的发展空间。

四、国家海洋产业园区政策建议

在国家海洋产业园区设立与建设期间，可从以下几个方面对国家海洋产业园区政策的实施提供支持和保障。

（一）组织保障

为强化对海洋产业园区事务的统筹协调，加强对园区的宏观调控，充分调动和协调各部门的积极性，可以从以下三方面做好组织保障。

1. 成立海洋产业园区管理委员会

由各市自然资源管理部门及相关海洋部门牵头成立海洋产业园区管理委员会，全面统筹、规划、协调该市海洋产业园区的发展工作及重大事项的审议。

2. 成立海洋产业专家委员会

海洋产业专家委员会为园区产业发展提供技术支持和决策咨询。

3. 发挥民间组织（如行业协会）的作用

如成立海洋产业行业协会，发挥其桥梁、纽带作用，参与海洋产业园区重大事项的决策和产业发展政策研究，参与和支持海洋产业园区的发展建设和服务工作。

（二）用地用海政策

1. 科学管理围填海项目，保障园区建设项目用海与生态环境

科学编制并严格执行围填海计划，严格按照法定权限审批围填海项目，加强围填海造地管理，执行建设项目用海预审制度，新上项目全部实行预审，加强对围填海项目选址、平面设计的审查，对符合要求的重大项目优先安排围填海计划指标，加强对集中连片围填海的管理。

2. 合理利用海岛和海域资源，平衡海洋利用与土地利用的关系

依照海洋功能区划和土地利用总体规划，支持开展用海管理与用地管理衔接试点，统筹协调各行业用海用岛，合理利用海岛和海域资源，在围填海指标上给予倾斜，优先用于发展海洋优势产业、耕地占补平衡和生态保护与建设。严格控制传统养殖区和捕捞区的建设用海，鼓励对宜农土地后备资源进行开发，完善渔业水域、滩涂占用补偿制度。

3. 搭建平台完善运行机制，促进海域使用权依法有序流转

创设海洋产权交易中心，支持建立有形海域使用权交易市场。严格无居民海岛使用项目审批和管理，完善海域和无居民海岛使用权招拍挂制度，探索建立海域和无居民海岛使用权二级市场以及海域使用权抵押贷款制度，完善海域使用退出机制，提高海域使用效率。

4. 大力推行集中集约用海，科学发展园区海洋经济

对在同一区域集中建设的用海项目、推行优化平面设计的围填海造地和海上飞地项目，实行整体规划论证，提速审批。改变过去分散、粗放的用海方式，科学、高效、集约利用海域，保护海域和岸线资源，为园区海洋经济发展拓展新的空间。

5. 合理设定园区功能定位，找准产业发展重点，壮大园区优势产业

有序开发海湾海岛资源，保障滨海旅游、现代渔业、临港产业、海洋新兴产业等重点行业用海，加大海岸、海岛和海湾统筹开发力度，重点搞好海湾综合开发规划。

6. 推进园区法规体系建设，保护海洋生态环境，走可持续发展道路

加强港口管理、海洋渔业管理、海洋资源管理、海岸带保护与开发管理、海岛开发与保护、海域管理和海洋环境保护等法规体系建设，形成更加完备的海洋综合管理法律制度，做到依法“管海”、依法“用海”和依法“兴海”，把海洋资源开发和管理活动真正纳入法制化轨道。加强对围海填海、海砂开采和无居民海岛开发利用等活动的监管，规范海域养殖活动。维护海域使用秩序，保护合法用海行为，促进人与海洋和谐相处。

（三）财政政策

1. 财政政策适当倾斜，优先扶持重大项目建设，加快培育战略产业和特色企业

对园区海洋经济重大项目实行优先立项，并争取国家在重大产业项目规划布局上给予倾斜，对列入国家重点扶持和鼓励发展的园区海洋产业项目，加大预算和财政拨款，适当给予税收优惠，减免企业所得税，研发费用税前抵扣，推进科技攻关和应用，促进重大海洋科技成果的转化和产业化。

2. 合理安排财政资金投入，推进公共基础设施规划建设，完善园区发展支撑体系

重点支持利于园区经济发展的基础性、公益性项目建设，增加安排专项补助，力争海洋基础设施建设所需的物资免税。一是进一步加大财政资金的支持力度，加快码头、渔港等港口项目及疏港交通物流体系建设，完善现代化综合交通运输网络。二是推进信息基础设施和港口物流信息化建设，扩大海上通信网络覆盖，形成覆盖园区的通关及物流信息网络，推动优势产业集群的形成与发展。三是财政资金支持重要海岛基础设施配套建设，优化重要海岛海陆集疏运体系，有序推进海岛供水供电网络与大陆联网工程、风电场建设及并网工程，积极发展海水淡化、海水直接利用，提

高水电资源保障能力。四是加大海洋观测预报、环境监测、执法装备等基础设施建设的投入，提高海洋综合管理能力和公共服务水平。

3. 设立海洋产业园区发展专项基金，集中力量支持各项建设，促进园区可持续平稳发展

利用财政资金设立海洋产业园区发展专项基金，重点支持海洋重大科技创新、高层次人才培养、战略性新兴产业培育、传统产业提升改造、重大基础设施建设和海洋生态建设，专项资金随经济发展逐步增加。

4. 研究制定并落实税收优惠政策，调动企业积极性，鼓励企业参与园区的全方位建设

对园区重点扶持和鼓励发展的涉海产业项目，给予企业所得税减免、研发费用税前抵扣等优惠政策；支持有关远洋捕捞、渔船改造、鱼池改造、新能源产业发展的税收优惠政策；对园区确有必要进口的重大技术装备，依据国家有关文件规定，免征关税和进口环节增值税；适当加大对园区内出口退税负担较重企业的财政支持力度；鼓励园区内符合条件的涉海企业利用保税区优惠政策。

5. 统筹分配财政资金，完善境内外服务体系，推动园区国内外合作与交流

综合运用政策性奖励、财政补助、贴息贷款、税收优惠等多种方式，在进出口、开展境外投资、科研合作等方面对园区加大财政扶持力度。加强海洋科技创新、教育培训、金融保险、新兴产业等领域的国内外合作，建立便捷高效的境内支撑和境外服务体系。鼓励、引导并支持有条件的企业、龙头企业在境外建立研发基地、分公司，并购知名品牌、先进技术和营销网络，扩大产品加工出口，打造产品境外供应体系，积极开拓海外市场。

6. 继续加大财政转移支付力度，保障人民的基本生活和合法权益，提高园区的产城融合程度

增加农业、教育、卫生、文化、社会保障、扶贫等方面的福利支出，

提高社会保险福利津贴、抚恤金、养老金、失业补助、救济金、农产品价格补贴及其他各种补助费，对困难群体实施救济和补助，完善园区社会保险与社会保障制度，保障人民基本生活。实行义务教育和教育改革，提高职业教育和高等教育水平，提高园区内人民受教育水平，培养海洋产业发展相关人才，增强海洋产业园区的软实力。

（四）投融资政策

1. 关注需求，突出重点，完善多元化金融服务体系

（1）了解掌握园区建设需求，进一步优化配置信贷资源，加大金融机构的信贷资金支持力度

各金融机构要加强调查研究，及时了解掌握园区建设的资金需求，主动向上级金融部门沟通汇报，积极争取上级部门的资金倾斜和政策支持，有效整合系统内部资源，在信贷投放中单列园区的信贷计划，尽可能增加对园区的信贷资金投放。四大国有商业银行要进一步落实与园区签订战略合作协议，充分发挥园区建设信贷投放主力军作用。在园区已设立分支机构的银行，要在信贷额度、审批权限、存贷比考核等方面加大对分支机构的支持，提升园区分支机构的信贷投放能力；尚未在园区设立分支机构的银行，可通过分行直贷、银团贷款、联合贷款、同业合作等方式，对园区建设提供信贷资金支持。

（2）突出信贷资金投放重点，实行差别化信贷管理政策，增强金融资源集聚效应

紧密结合园区建设的规划和导向，制定差别化的信贷管理政策，突出对园区建设重点领域、重点项目和重点企业的信贷投放和金融支持。合理规划和配置金融资源，重点加强对以下领域的信贷支持：一是重点支持大宗商品储运中转加工交易中心建设，提升对大宗商品枢纽港、大宗商品储运中转基地、大宗商品交易平台、大宗商品航运服务业等的金融服务；二是重点支持现代海洋产业建设，突出对海洋工程与船舶产业、海洋旅游产业、绿色临港石化产业、海洋资源综合开发利用产业、海洋

生物医药产业、现代海洋渔业等的资金支持；三是重点支持陆海联动重大基础设施建设，加大对新区综合交通网、能源保障网、水资源利用网、海洋信息网、海洋防灾减灾网等重大基础设施建设项目的信贷投放；四是重点支持海洋海岛综合开发保护，突出对滩涂围垦工程、海洋生态保护、海洋循环经济的信贷支持；五是重点支持海洋科教中心建设，加强对海洋科技创新园、海洋科研基地和孵化器、国家海洋重点实验室等海洋科技创新载体和平台建设的科技金融服务。

(3)鼓励和引导各类金融服务机构加强同业合作，提供专业化金融服务，完善多元化金融服务体系

一是支持金融机构在园区设立分支机构，成立服务海洋经济的专业部门、专业支行或特色支行，优化在园区的网点布局，提升网点服务功能，优先保证园区金融服务覆盖。二是鼓励金融机构在业务授权、业务费用、人力资源、产品创新、网点建设等方面对园区的分支机构给予支持和政策倾斜，在坚持商业原则及风险可控前提下，允许有条件的金融机构适当升级园区分支机构的业务管理层级和权限。三是支持政策性银行在园区设立联络处。四是进一步深化园区农村商业银行改革，支持其发行金融债、次级债，加入银行间债券市场和同业拆借市场，壮大农村商业银行服务园区建设的资金实力。五是鼓励金融机构通过兼并、重组等多种方式打造区域性领先的金融控股集团。六是鼓励符合条件的金融机构、船舶制造企业设立金融租赁公司，探索在园区试点设立船舶业务管理总部，为园区建设提供专业化金融服务。七是支持扩大小额贷款公司等新型金融组织试点，引导民间资金参与园区建设。八是鼓励园区引入信托、租赁、财务、担保等非银行业金融机构，引入在海洋金融方面理念先进、优势明显的外资银行分支机构，发展各类金融服务机构，加强业务交流与合作，积极形成合力，打造政策性金融、商业性金融、合作性金融和创新型金融服务组织互为补充的多元化金融服务体系。

2. 创新模式，拓宽渠道，全面发展海洋金融业务

(1)推行股份制和股份合作制，支持企业上市融资，拓宽园区融资

渠道

采用股份制和股份合作制等方式，鼓励符合条件的园区企业首次公开发行股票并上市直接融资，鼓励园区内上市公司再融资和并购重组，广泛吸引民营企业、私营企业、科研单位和技术人员以及有条件的个人，采取资金入股、技术入股等方式参与园区的建设与发展，鼓励创业投资、股权投资，增加资金来源，促进经济发展。鼓励保荐机构到园区培育优质上市资源，上海、深圳证券交易所要加强对园区拟上市企业的辅导和培训工作，支持符合条件的园区企业发行直接融资工具，鼓励中介机构适当降低收费。

(2)着力扩大债券融资规模，创新债务融资工具发行方式，拓展园区直接融资渠道

大力支持园区企业和项目利用债券市场直接融资，加大企业债务融资工具的宣传、推介和承销力度，加快园区债务融资工具发行步伐。支持园区海洋经济领域的龙头骨干企业在银行间债券市场发行短期融资券、中期票据。进一步创新债务融资工具的发行方式，利用政府、人民银行与银行间市场交易商协会的“三方合作”机制，探索开展“区域集优”试点，进一步完善风险控制、信用增级等相关配套服务，支持园区市场前景好、发展潜力大、技术含量高的优质中小企业发行中小企业集合票据，着力扩大园区中小企业债务融资规模。对企业债务融资工具承销积极性高、承销业务量大、承销创新品种取得重大突破的主承销商，人民银行在相关政策上进行优先扶持。

(3)积极开展船舶融资业务，扩大信贷规模，加强船舶交易市场的配套金融服务

重点支持园区大型集装箱船、大型液化石油气船、液化天然气船、豪华邮轮、游艇、远洋渔船、特种船舶等高技术、高附加值船舶的研发和生产，扶持船舶零部件行业发展，支持园区船舶行业产业链发展。根据船舶的建造周期、付款方式等因素，灵活设计贷款期限、担保方式和还款方式，综合运用在建船舶抵押、海域使用权抵押、出口退税账户质押、应收账款质押、第三方保证等风险缓释手段，探索开展码头、船坞、船台等资

产抵押，不断完善船舶行业贷款业务。积极运用船舶出口买方信贷、船舶预付款保函等产品，扩大船舶出口信贷规模，加强船舶交易市场的配套金融服务，支持船舶交易市场建设。

(4)大力创办港航物流金融业务，发展金融仓储模式，完善港航物流服务体系建设

着力加强与大宗商品储备基地、专业物流仓储公司、大宗商品交易平台、电子商务服务平台的合作，优先安排重大港口基础设施、物资储备基地和集疏运项目建设信贷资金。发展金融仓储模式，完善存货、仓单、应收账款等抵质押贷款业务。进一步探索开办存货浮动质押、动态质押、未来提货权质押等创新业务。在有效控制风险的前提下，开展针对大宗商品交易平台会员的标准化电子仓单质押、订单质押、在线授信等融资业务。综合运用贷款、票据承兑、物流保理等业务模式，推广围绕核心企业、覆盖供应链上下游的供应链融资产品，满足港航物流服务体系中仓储、流通、交易等各个环节的融资需求。

(5)创新开办科技、低碳金融业务，构建海洋经济循环链，促进海洋经济可持续发展

推进科技金融业务，支持涉海高新技术企业利用股权、专利权、商标专用权开展质押融资，支持自主品牌和自主知识产权研发项目，围绕海洋风能、潮汐能、潮流能等清洁能源产业，结合海洋污染综合防治工程，推广低碳金融创新业务，完善绿色信贷机制，积极开展排污权抵押贷款、能效贷款、清洁发展机制(CDM)项目融资、合同能源融资、绿色消费信贷等绿色金融产品，促进海洋资源开发、低碳经济和生态环境保护协同发展，构建海洋经济循环链。

(6)积极推进融资租赁业务，促进租赁公司间合作，引导融资租赁机构提高金融租赁服务水平

充分利用各金融租赁公司的优势，根据园区海洋经济投资额度大、期限长的特点，积极开展融资租赁业务，重点支持船舶工业、海洋工程、海洋装备制造业等海洋新兴产业和港口码头建设的设备投资，引进关键技术

和重大设备，提高涉海产业的整体技术含量。大力发展船舶融资租赁，探索开展单船融资租赁业务，通过船舶直接租赁、转租赁、回租、租赁、综合租赁等各种方式支持船舶产业发展。加强商业银行与系统内租赁公司或商业租赁公司合作，通过应收账款保理等风险共担方式，积极引导系统内的融资租赁机构为园区建设提供金融租赁服务。

(7)创新融资担保方式，建设多元化的信贷担保体系，支持企业融资

扩大申请贷款可用于担保的财产范围，建立健全贷款担保财产的评估、管理、处置机制。推进多元化的信贷担保体系建设，建立规范的政策性担保机构。鼓励融资性担保机构通过再担保、联合担保以及担保与保险相结合等多种方式，支持企业融资。积极发展保单质押、知识产权质押、票据质押、股权质押等融资模式。

(8)充分发挥政府信用，争取国际贷款，筹集园区建设资金

利用良好的政府信用，积极争取扩大国际金融组织贷款、外国政府贷款对园区开发的投入，提高招商引资和利用外资水平，加强外引内联，吸引海外资金参与园区建设开发。积极利用世界银行、亚洲开发银行等国际开发性金融机构融资，积极参与国际金融领域务实合作，继续加强园区与国际金融机构之间在国际结算、贸易融资和项目融资等领域的合作，推动园区金融合作方面的国际影响力，带动园区经济长远发展。

3. 深化建设，优化环境，提升海洋金融服务水平

(1)不断完善外汇业务，推进汇率避险市场和产品的创新，帮助企业降低汇率风险

灵活运用外汇贷款、买方信贷、预付款保函、押汇等贸易融资产品，推动出口信用保险项下融资业务，满足园区涉海产业出口贸易的资金需求。积极发展进口信贷、进口信用证等业务，支持船舶修造、海洋工程等企业引进国外成套设备和关键技术。积极开办与港口物流有关的外汇业务，做大资信调查、外汇保理、涉外咨询、见证等业务。继续推进汇率避险市场和避险工具创新和推广力度，在合同期限、结算币种、汇率避险等方面加强对园区企业的指导，帮助企业降低汇率风险。

(2)继续推动外汇管理改革，提升企业跨境融资水平，为企业创造良好的国际商业运作环境

做好货物贸易外汇管理改革试点工作，按照总量核查、分类管理、动态监测的原则，强化贸易进出口核查，进一步便利合规企业货物贸易收付汇。推进企业出口收入存放境外，切实降低企业资金成本，提高资金使用效率。针对涉汇实体遇到的突出问题，开展“特事特办”服务，简化园区海洋产业业务结付汇手续，简化境外直接投资资金汇回管理，更好地保障园区涉汇主体的实际利益。积极争取在中资企业外保内贷业务上有所突破，支持综合保税区建设。优先扶持符合园区产业政策导向的企业开展跨境资本运作，鼓励境外投融资和并购活动，加大短期外债使用的政策倾斜力度，提高业务办理效率，提升企业跨境融资水平，积极引导企业“走出去”，为企业创造更加符合国际商业运作的外汇政策环境。

(3)推进跨境人民币金融产品的研发，扩大跨境人民币结算业务，拓宽园区企业融资渠道

加强跨境人民币金融产品的设计和研发，帮助园区企业以最快的速度、最低的成本进行贸易结算，满足企业贸易结算、贸易融资等需求。鼓励在园区内新设、引进专业的本外币兑换特许机构。通过大力发展境外直接投资人民币业务、开立人民币保函和境外项目人民币贷款业务，便利园区企业境外投资、承揽工程，有力支持企业“走出去”。充分利用境外人民币市场，稳步开展跨境人民币贸易融资，鼓励符合条件的园区企业赴境外人民币市场发债，进一步拓宽融资渠道。

(4)推动现代化支付清算系统建设，有效提升支付清算服务，完善现有支付体系

进一步扩大现代化支付系统、网上支付跨行清算系统等支付清算系统在园区的覆盖面，有效提升支付清算服务。推动电子商业汇票、银行卡、本票、手机支付等非现金支付业务在园区的应用。支持第三方支付机构业务发展，为大宗商品交易平台、港航物流服务企业开展电子商务提供良好的支付服务。加大网络银行、电子银行的建设力度，提升资金结算服务水

平，探索为园区提供交易系统、资金托管、联网结算等服务，满足园区发展所需的资金结算需求。

(5)深化信用体系建设，加强征信管理，优化园区社会信用环境

持续深化园区中小企业和农村信用体系建设，重点推进试验区建设，鼓励和支持评级机构开展适合中小企业和农户特点的信用评定，将信用状况与授信激励和失信惩戒机制建设结合起来。加强征信系统建设和管理，加快小额贷款公司等机构接入征信系统的步伐，扩大征信系统的应用范围和覆盖面。建立健全违约信息通报和失信惩戒制度，开展形式多样的征信和金融知识宣传教育与培训活动，优化园区的社会信用环境。

(6)推动保险业改革创新，积极构建普惠型保险服务体系，服务园区稳定发展

鼓励园区保险机构开展体制机制、经营管理和产品服务创新，积极构建普惠型保险服务体系。一是鼓励保险机构结合园区经济社会发展特点，积极引入政策性保险，开发服务海洋经济发展的保险产品，推动保险覆盖海洋弱势产业，大力发展航运保险，创新发展出口信用保险、科技保险、商贸物流保险、文化产业保险和环境责任保险等新型保险产品。支持保险业参与多层次社会保障体系建设，大力开展商业养老保险和健康保险等业务。二是健全担保和再担保机构，研究建立由被保险人、保险公司、相关政府和融资市场风险共担的保险和担保机制，规范发展各类保险企业，降低涉海企业经营风险，积极服务海洋经济发展。三是支持保险资金参与园区建设，在有效防范风险的前提下，支持保险机构按照有关规定和商业原则以债权或股权形式参与园区基础设施等重点项目的投资，通过多种方式加大在园区的投资力度，探索保险资金支持园区发展的有效途径。

4. 改进监管，沟通协作，促进政策有效落实

(1)实行正向激励，强化货币政策工具的引导，增强政策执行效果

倾斜运用再贷款、再贴现、差别存款准备金率等货币政策工具，切实增强园区金融机构的融资服务能力。优先满足园区重点项目和涉海产业优

质中小企业的再贷款需求，加大再贴现限额倾斜力度，对海洋经济领域的票据优先给予再贴现。将把园区建设金融支持工作作为金融机构综合评价考核、信贷政策评估、金融支持实体经济服务评价考核和外汇管理考核的重要内容，对在园区建设领域信贷支持力度大、直接融资工作突出、金融创新成效明显的金融机构，在货币信贷政策、金融管理和服务等方面给予支持。

(2)建立信息共享机制，加强园区与金融部门间的沟通协作，促进融资对接

建立并完善信息共享机制，使金融机构及时了解掌握园区建设的重点项目、企业信息，探索建立园区与金融部门的相关信息共享和发布平台，加强园区与金融部门间的沟通协作，结合银企洽谈会、融资推进会、产品推介会等多种形式，主动促进银行与企业和项目融资对接。

(3)建立健全金融监管协调机制，促进各项政策落实，推动园区有序发展

根据国际金融监管发展趋势，结合我国实际，推动在园区内建立贴近市场、促进创新、信息共享、风险可控的金融监管平台和协调机制。统筹研究和协调金融政策，创新金融监管理念，改进金融监管方式，加强园区金融协调监管资源配置，认真落实相关配套政策，在时机成熟时协调推进建成符合园区实际需要的金融创新试点。

(4)加强人才培养与交流，宣传普及金融知识，营造有利于园区金融发展的环境

鼓励金融机构在人力资源方面向园区倾斜，加强国内外金融人才交流与合作，建立园区金融培训机制，进一步做好金融培训和在职教育工作，促进金融人才的职业发展，提高金融服务水平。探索建立海洋产业咨询专家机制，以利于风险投资基金的项目评价和风险评估。做好园区金融政策宣传工作，普及金融知识，引导现代化金融工具的广泛使用，提高海洋强国意识，营造良好的海洋产业发展环境。

(五)人才政策

1. 优先发展教育，完善人才培养机制

整合优化教育布局、调整完善学科设置、提高教育质量，吸引国外优秀海洋院校合作办学，在党政机关培养一批高素质海洋经济管理人才，在海洋科研机构和大中专院校中培养一批海洋专家型人才，加速培养海洋科技开发人才和中高级科技应用人才，积极争取国家科研院所重点实验室和科技项目落户，打造人才集聚的高端平台，加大知识产权的保护力度，支持和推动高职院校加强海工高技能人才教育与培养，提升海工高技能人才支撑能力。

2. 适应园区发展需求，完善人才引进机制

加强海洋工程装备技术、管理、商务、法律等领域的高层次人才和团队引进，编制海洋经济和高端人才需求目录，提高人才智力引进的针对性，大力引进优秀的高层人才、高技能人才和紧缺型人才。

3. 健全人才使用、评价、激励方法，完善人才留用机制

加大研发投入，强化激励政策，加强营造适应人才发展的环境，在政策、体制和机制等方面减少阻碍人才发展的因素，建设园区人才公共信息与公共服务平台，切实落实园区人才的优惠政策，营造有利于人才发展的良好环境。

4. 加强园区执法能力建设，维护园区建设正常秩序

进一步加强对园区执法人员的培训和教育，建设一支具有较高政治素质和较强保障能力的海洋执法队伍，建立有效的联合执法机制，会同有关部门严厉查处违法用海、非法采砂等破坏海洋资源和环境的行为，有效保护海洋资源。

5. 大力开展海洋宣传活动，弘扬海洋文化

通过报纸、电台、电视和互联网等媒体，广泛传播海洋知识，加强海岛文化、渔业文化、航海文化、海洋旅游文化、海洋经济文化、海洋环保

文化的研究和宣传，增强海洋国土意识、海洋资源和经济意识、海洋生态环境意识、海洋权益和安全意识，促进人与海洋和谐相处，为园区经济又好又快发展创造良好氛围。

（六）科技信息政策

1. 完善信息基础设施与信息系统建设，提高园区科学管理水平

加强海洋环境动态监视监测和数字海洋工程，建立集海、陆、空于一体的海洋环境立体监测网络。规划进行海洋综合调查与评价工作，全面更新海洋基础数据，进一步查清海洋资源的现状，建立海洋资源环境信息数据库、海洋资源环境信息查询系统及综合管理决策支持系统，加强海洋灾害防治，建立健全海洋灾害污染应急机制。建设渔业安全生产通信指挥系统。完善海上通信网络覆盖，推进港口物流信息化建设，形成覆盖港口和主要园区的通关及物流信息网络。推行通关全程电子化，实施分类通关、区域通关改革，进一步提高通关效率。

2. 推进产学研一体化，开展科技攻关，促进科技成果的转化与应用

加强国际交流与合作，联合建设研发机构，掌握国内外先进海洋科技技术，大力开展科技攻关，创新海洋高新技术，围绕海水增养殖、海水综合利用、海洋精细化工、船舶制造技术、海洋生物工程、海洋生态技术、海洋病害防治等重点领域研究攻关，突破产业化关键技术，增强园区产业竞争力，提高科技对园区经济增长的支撑作用。

3. 建立海洋科技中介机构和服务组织，为园区提供专业技术服务

中介机构和服务组织搭建海洋科技研发的公共服务技术平台，针对行业具有共性的技术问题，提供系统化、专业化的技术服务，大力推进技术推广、技术转移、技术经纪、科技交流、科研支撑条件共建共享，以及产品质量认证和质量监督检验检测服务，促进海洋产业的技术更新，为海洋科技成果的转化提供服务。

参考文献

[1] 鹿尧. 山东半岛海洋特色产业园区建设研究[D]. 山东：山东农业大学，2014.

[2] MARKUSEN A. Sticky places in slippery space：A typology of industrial districts[J]. Economic Geography，1996，72(3)：293-313.

[3] GUERRIERI P，PIETROBELLI C. Industrial districts' evolution and technological regimes：Italy and Taiwan[J]. Technovation，2004，24(11)：899-914.

[4] MYTELKA L，FARINELLI F. Local clusters，innovation systems and sustained competitiveness[J]. Nota Técnica，2000，5：7-35.

[5] 罗若愚. 我国区域间企业集群的比较及启示[J]. 南开经济研究，2002(6).

[6] 霍丽，惠宁. 制度优势与产业集群的形成[J]. 经济学家，2007(4).

[7] 赵海东. 资源型产业集群与中国西部经济发展研究[M]. 北京：经济科学出版社，2007.

[8] 纪玉俊. 基于空间集聚与网络关系的海洋产业集群形成机理研究. [J]. 海洋经济，2013，3(6).

[9] [英]马歇尔. 经济学原理[M]. 北京：商务印书馆，1997.

[10] 姜琼. 深港携手打造前海合作区将成特区中"特区"[EB/OL]. 南方网，2010-09-14，http：//news. southcn. com/d/2010-09/14/content_15890849. htm.

[11] 成思思. 天津临港经济区：打造北方重装制造基地[N/OL]. 中国能源报，2014-04-09，http：//www. chinaequip. gov. cn/2014-04/09/c_133248354. htm.

[12] 战旗. 海工装备制造成为新区产业亮点[N/OL]. 滨海时报，2015-12-24(03)，http：//bhsb. tjbhnews. com/html/2015-12/24/content_3_2. htm.

[13] 黄国诚. 新加坡海工领先四因素[J]. 港口经济，2011(1).

[14] 刘二森，王诚志. 新加坡海工装备制造业发展经验与启示. [J]. 船舶物资与市场，2016(6).

[15] 刘大海，李晓璇，王春娟，等. 海洋科技成果转化率测算与预测研究[J]. 海洋经济，2015(2).

[16] 陈兵，张雄. 园区管理模式创新与政府机构改革[J]. 中国高新区，2003(4).

[17] 温锋华，沈体雁. 园区系统规划：转型期间的产业园区智慧发展之道[J]. 规划师，2011(9).

[18] 沈体雁，张丽敏，劳昕. 系统规划：区域发展导向下的规划理论创新框架[J]. 规划师，2011(3).

[19] 王启魁. 产业园区规划思路及方法——基于国内外典型案例的经验研究[R]. 北京：中国投资咨询，2013.

[20] 王敏. 浙江省海洋经济建设中的金融支持现状问题与对策[J]. 品牌，2015，10(下).

[21] 李文杰. 昆明西山区生态产业园区投融资模式研究[D]. 昆明：云南大学，2012.

[22] 韩微微，燕小青. 不同主体主导下浙江海洋经济的投融资方式优选[J]. 科技与管理，2013，5(3).

[23] 雷麒. 产业园区基础设施投融资模式选择研究[D]. 兰州：兰州大学，2015.

[24] 杨耀东. 工业园区开发与经营管理若干问题研究[D]. 沈阳：东北大学，2008.

[25] 曹倩. 海洋渔业灾害保险运营及融资模式研究——以山东省为例[D]. 青岛：中国海洋大学，2013.

[26] 戴利研. 资源型主权财富基金运营模式研究——以挪威和俄罗斯主权财富基金为例[J]. 世界经济与政治论坛，2012，11(6).

[27] 占云生. 拟议中的主权财富基金行为准则浅析——以挪威主权财富基金为例[J]. 知识经济，2008(9).

[28] 安鹏啸. 海洋经济区产业投资基金全面风险管理研究[D]. 济南：山东大学，2014.

[29] 宋玮，张晓霞. 浙江海洋保险业的发展现状、问题及对策[J]. 浙江金融，2012(4).

[30] 沈超. 借力粤桂琼区域合作推动广东海洋经济发展[J]. 南方论刊，2016(5).

[31] 彭亮，高维新. 建立粤桂琼海洋经济区域合作机制的若干思考[J]. 五邑大学学报(社会科学版)，2013(2).

[32] 曹文振，胡阳. “一带一路”战略助推中国海洋强国建设[J]. 理论界，2016(2).

[33] 袁赛男. 中国国际话语权的现实困境与适时转向——以“一带一路”战略实施中的新对外话语权体系为例[J]. 理论视野，2015(6).

[34] 杜鹏，杨蕾，夏斌. 一带一路与三大海洋经济圈协同发展[J]. 开放导报，2015(5).

[35] 贺蓉. 欧盟海洋综合政策发展对我国海岸带管理的启示[J]. 中国海洋大学学报(社会科学版)，2008(3).

[36] 刘曙光，张爱龙. 海事业集群国际研究进展及启示[J]. 海洋开发与管理，2010(3).

[37] ROLV PETTER A. 挪威海洋国际化之路[R]. 天津：天津市滨海新区人民政府、北京大学、中国区域科学协会、中国海洋发展研究会、国际海洋工程师协会，2016

[38] 丘文彦. 海洋经略——永续海洋经营策略[M]//立足美丽宝岛、放眼大海洋——台湾海洋永续经营蓝图. 高雄：高雄市海洋局，2012.

[39] 杨静蕾，孔婷，王书峰. 战后日本海事集群发展及其经验借鉴[J]. 港口经济，2011(3).

[40] 魏开锋. 大视野　大战略　大转化　建设“世界的中关村”[J]. 中关村，2010(7).

[41] 黄速建，刘湘丽，王钦. 日本的产业集群政策与知识集群政策[J]. 中国经贸导刊，2010(7).

[42] 于谨凯，张婕. 我国海洋产业政策体系研究[J]. 南阳师范学院学报，2008，7(4).

[43] 赵作权，赵璐. 基于创新能力的我国“十三五”集群创新战略研究[J]. 中国科学院院刊，2016(3).

附录

全国涉海产业园区基本情况

表1　涉海国家级产业园区(51个)

省(市、区)	园区	类型	成立时间	面积(平方千米)	主要产业
辽宁(8)	大连长兴岛经济技术开发区	国家级经济技术开发区	2010年	349.5	船舶制造、港口物流、装备制造、高新技术
	旅顺经济技术开发区	国家级经济技术开发区	1992年	26.5	船舶制造、港航物流、重大装备制造
	大连金普新区	国家级新区	2014年	2 299.8	港航物流
	大连金石滩国家旅游度假区	国家级旅游度假区	1992年	120	海洋旅游
	营口沿海产业基地	其他	2005年	252	临港产业(装备制造产业、高新技术产业、化工产业)
	营口经济技术开发区	国家级经济技术开发区	1992年	268	海洋渔业、海洋制盐
	盘锦辽滨沿海经济技术开发区	国家级经济技术开发区	2005年	33	船舶制造、港口物流
	锦州经济技术开发区	国家级经济技术开发区	1992年(2010年)	161.06	装备制造、港口物流
河北(3)	唐山高新技术产业开发区	国家级高新区	1992年(2010年)	31	港口物流
	唐山曹妃甸经济技术开发区	国家级经济技术开发区	2013年	14.48	临港装备制造、港口物流
	沧州临港经济技术开发区	国家级经济技术开发区	2003年(2010年)	268	临港产业(石油化工、装备制造等)、港口物流

续表

省(市、区)	园区	类型	成立时间	面积(平方千米)	主要产业
天津(1)	天津滨海新区	国家级新区	1994年	2 270	临港工业、海港物流、滨海旅游、水产品加工物流产业、游艇产业
山东(10)	青岛国家高新技术产业开发区	国家级高新区	1992年	66	蓝色生物医药、海工装备研发、海洋高新技术产业
	青岛经济技术开发区	国家级经济技术开发区	1984年	274.1	临港产业、造修船产业、海洋工程产业
	青岛西海岸新区	国家级新区	2014年	2 096	航运物流、船舶海工
	青岛石老人国家旅游度假区	国家级旅游度假区	1992年	10.8	海洋旅游业(滨海浴场、海洋游乐园)
	烟台高新技术开发区	国家级高新区	1990年	48.8	海洋生物医药
	山东烟台保税港区	保税港区	2009年	7.26	仓储物流、港口作业
	潍坊滨海经济技术开发区	国家级经济技术开发区	1995年(2010年)	677	海洋化工和石化产业、港口物流、滨海休闲旅游
	威海临港经济技术开发区	国家级经济技术开发区	2006年(2013年)	297	船舶制造、临港物流
	威海经济技术开发区	国家级经济技术开发区	1992年	198	船舶制造、高端装备
	日照经济技术开发区	国家级经济技术开发区	1991年(2010年)	115.6	海洋装备制造
江苏(4)	南通经济技术开发区	国家级经济技术开发区	1984年	183.8	海洋工程船舶装备工业园
	连云港经济技术开发区	国家级经济技术开发区	1984年	126	临港产业
	盐城经济技术开发区	国家级经济技术开发区	1992年	250	盐城海洋生物产业园
	如皋经济技术开发区	国家级经济技术开发区	1993年	150.41	港口物流

续表

省(市、区)	园区	类型	成立时间	面积(平方千米)	主要产业
上海(4)	闵行经济技术开发区临港产业园	国家级经济技术开发区	1983 年	13.3	船舶关键件、海洋工程装备
	松江经济技术开发区综合保税园	国家级经济技术开发区	1993 年	57.77	出口加工
	上海洋山保税港区	保税港区	2005 年	8.14	国际航运服务、离岸金融、离岸服务(离岸云海数据、国际维修检测等)以及物流服务,集装箱港口增值、进出口贸易、出口加工、保税物流、采购配送
	上海浦东新区-上海临港海洋高新产业化基地	国家级新区	1993 年	1 210	国际航运
浙江(3)	宁波大榭开发区	国家级经济技术开发区	1993 年	36	临港产业(包括临港石化产业、港口物流产业,以及船运、物流、大宗商品贸易等现代服务业)
	浙江宁波梅山保税港区	保税港区	2008 年	7.7	港航运营、离岸服务、现代物流业
	舟山群岛新区	国家级新区	2011 年		临港工业、港口物流、海洋旅游、海洋医药、海洋渔业,船舶修造、临港石化、水产品精深加工
福建(7)	泉州台商投资区	国家级经济技术开发区	2010 年	200	保税港区、港口、转口贸易和出口加工业务、国际航运配套
	福州经济技术开发区	国家级经济技术开发区	1985 年	184	造船、港口物流、水产饲料

续表

省(市、区)	园区	类型	成立时间	面积(平方千米)	主要产业
福建(7)	福建福州保税港区	保税港区	2010 年	9.2	加工贸易、国际物流、港口集散
	福州新区	国家级新区	2015 年	800	高端海洋装备、海洋生物医药食品、海洋工程材料
	平潭综合实验区	其他	2009 年	372	海洋精致农业、海产品深加工、海洋生物科技，滨海旅游
	福建厦门海沧保税港区	保税港区	2008 年	9.51	出口加工、保税物流、现代港区
	漳州招商局经济技术开发区	国家级经济技术开发区	1992 年	56.17	以港口为依托的金属制品加工业、港航物流业、临港工业
广东(5)	广州南沙经济技术开发区	国家级经济技术开发区	1993 年	797	港口物流业，船舶制造与海洋工程产业
	广东广州南沙保税港区	保税港区	2008 年	7.06	国际中转、配送、采购、转口贸易和出口加工，航运物流、保税仓储、大宗商品交易、冷链物流等航运服务业
	广州南沙新区	国家级新区	2012 年	803	临港先进制造业、海洋产业
	惠州大亚湾经济技术开发区	国家级经济技术开发区	1993 年	23.6	滨海旅游业
	珠海经济技术开发区	国家级经济技术开发区	2012 年	380	海洋工程装备制造、港口物流业等临港产业；包括三一重工主基地、中海油深水海洋工程装备制造基地等

续表

省(市、区)	园区	类型	成立时间	面积(平方千米)	主要产业
广西(2)	钦州港经济技术开发区	国家级经济技术开发区	1996年	152	石化、装备制造、能源、粮油、浆纸、现代物流等临港“六大产业板块”
	北海银滩国家旅游度假区	国家级旅游度假区	1992年	38	滨海旅游
海南(4)	海口高新技术产业开发区	国家级高新区	1991年	14	海洋工程产业
	三亚亚龙湾4A级国家旅游度假区	国家级旅游度假区	1992年	18.6	滨海旅游
	海南洋浦经济开发区	国家级经济技术开发区	1992年	120	港航产业
	海南洋浦保税港区	保税港区	2007年	9.21	港口作业、仓储物流中转、出口加工

表2　海洋经济发展试点省份(5个)

省份	园区	批复时间	范围	主导产业
山东	山东半岛蓝色经济区	2011年	海域面积15.95万平方千米，陆域面积6.4万平方千米	海洋渔业、滨海旅游业、海洋交通运输业、海洋生物医药业、海洋船舶工业、海洋油气化工业和海洋高新技术产业
浙江	浙江海洋经济发展示范区	2011	海域面积26万平方千米，陆域面积3.5万平方千米	海洋工程装备与高端船舶制造业、港航物流服务业、临港先进制造业、滨海旅游业、海水淡化与综合利用业、海洋医药与生物制品业、海洋清洁能源产业、现代海洋渔业
广东	广东海洋经济综合试验区	2011年	海域面积41.9万平方千米，陆域面积8.4万平方千米	海洋交通运输业、现代海洋渔业、海洋船舶工业、海洋生物医药产业、海洋工程装备制造业、海水综合利用业、海洋可再生能源业、临海能源工业、临海钢铁工业、高端滨海旅游业

续表

省份	园区	批复时间	范围	主导产业
福建	福建海峡蓝色经济试验区	2012年	海域面积13.6万平方千米，陆地面积5.4万平方千米	现代海水养殖业、现代海洋捕捞业、水产品精深加工及配套服务产业、海洋生物医药产业、邮轮游艇业、海水综合利用业、海洋可再生能源业、海洋工程装备制造业、滨海旅游业、港口物流业、海洋文化创意产业、涉海金融服务业与海洋信息服务业、海洋船舶工业、临海能源工业、临海钢铁工业、临海新材料工业、其他高端临海产业
天津	天津海洋经济科学发展示范区	2013年	陆域面积约11 947平方千米，海域面积约2 146平方千米	现代海洋渔业、先进海洋制造业、海水利用业、海洋船舶工业和海洋工程装备制造业、海洋石油化工业、现代海洋服务业、海洋金融业、海洋经济信息服务业

表3　海洋综合经济区(11个)

园区	主导产业
辽东半岛海洋经济区	航运、旅游、渔业、船舶修造业
辽河三角洲海洋经济区	渔业、海洋油气业
渤海西部海洋经济区	滨海旅游业、海洋油气业、海水淡化、海水直接利用
渤海西南部海洋经济区	海洋油气业、海水淡化利用、海盐生产、海洋化工产业
山东半岛海洋经济区	海水养殖业、远洋捕捞业、水产品加工业、海洋生物工程、海洋药物开发、海洋精细化工制品、滨海及海岛特色旅游业、海水利用业
苏东海洋经济区	海水养殖业、海水利用业、滨海旅游业
长江口及浙江沿岸海洋经济区	航运、海洋油气和海洋化工深加工、海洋船舶工业、滨海旅游业、海水养殖业、远洋捕捞业、海水资源综合利用
闽东南海洋经济区	海水养殖业、港口集装箱运输、航运、滨海及海岛旅游业、海洋可再生能源、海洋生物工程技术
南海北部海洋经济区	港口集装箱运输、海洋油气和海洋化工深加工、滨海及海岛休闲旅游业、外海捕捞、海湾养殖业
北部湾海洋经济区	渔业、特色海产品养殖、海洋生态旅游、跨境旅游
海南岛海洋经济区	海岛休闲度假旅游、热带风光旅游、海洋生态旅游、海洋天然气资源加工利用、航运、海水养殖、外海捕捞

表 4　科技兴海基地(7个)

科技兴海基地	发展重点
上海临港海洋高新技术产业化基地	海洋资源的开发与利用技术、海洋工程设备研发技术、海洋综合信息服务
诏安金都海洋生物产业园	海洋生物医药产品研发与加工、海洋功能食品和化妆品、海洋生物制品、海洋生物医药材料、海洋生物育种和健康养殖、海洋生物服务产业及海洋生物综合配套产业
江苏大丰海洋生物产业园	海洋生物、盐土农业、蓝色旅游
大连现代海洋生物产业示范基地	1个科技园和4个示范区，即大连海洋科技园和生态型海洋牧场先导示范区、大连名优海洋生物良种示范区、海洋生物工程化养殖及装备制造示范区、海洋生物制品与制药产业示范区
青岛海洋新兴产业示范基地	重点打造以海洋医药和生物制品、海洋工程装备、海洋新能源等为核心的海洋高技术企业孵化基地和高技术产业集聚区
厦门海洋生物产业示范基地	海洋生物产业
广州南沙新区科技兴海产业示范基地	“一核四区”的基地布局，重点发展海洋高端工程装备制造、海洋生物育种、海洋医药和生物制品、现代海洋服务4个产业

表 5　国家海洋高技术产业基地(8个)

城市	重点产业
广州	海洋高端装备制造、海洋医药和生物制品、海洋可再生能源
湛江	海洋生物育种和健康养殖
厦门	海洋医药和生物制品、海洋生物育种和健康养殖、海洋高端装备制造、海洋高技术服务
舟山	海洋高端装备制造、海洋生物育种和健康养殖
青岛	海水生物育种和健康养殖、海洋医药和生物制品、海洋高端装备制造、海洋可再生能源、深海战略资源勘探开发、海洋高技术服务
烟台	海洋生物育种和健康养殖、海洋高端装备制造、海洋高技术服务
威海	海洋生物育种和健康养殖、海洋医药和生物制品
天津	海洋高端装备制造、海水利用、深海战略资源勘探开发、海洋高技术服务、海洋医药和生物制品

表6 各省(市、区)其他海洋产业园区及海洋特色园区(93个)

省(市、区)	园区	面积	主要产业	备注
辽宁	大连海洋经济产业园		海水淡化、海洋化工、海水综合利用、海洋生物培育与加工、海洋旅游等海洋经济新兴产业	
	辽西海洋经济区		油气、船舶修造、旅游业	
	大连现代海洋生物产业示范基地		海洋生物工程化养殖、工业化循环水养殖、离岸型智能化深水网箱养殖、海洋工程装备制造业	
	大连长兴岛临港工业区26区	154.7平方千米	重大装备制造产业、船舶制造及配套产业、石化产业	12个专业化船舶配套园区，已形成集造船、修船、海洋工程、配套为一体的强势发展的船舶产业集群
	大连长兴岛船舶配套产业园	8.5平方千米	造船、修船及船舶配套产业	
	丹东海洋船舶配套工业园	0.667平方千米	船舶配套设备生产业	
	旅顺开发区船舶配套产业园	3平方千米	船舶制造、船舶配套、重大装备制造业、港航物流业	
	三十里堡船舶配套工业园	0.86平方千米		
	营口市辽宁船舶工业园	2平方千米	造船、船舶配套业	
	土城子船舶配套园			
	金州新区船舶配套园			
	鲅鱼圈船舶产业园			
	盘锦船舶工业园			
	葫芦岛龙港船舶配套园			
	绥中船舶配套园			
	锦州航星船舶配套产业区			

续表

省（市、区）	园区	面积	主要产业	备注
河北	河北渤海新区海洋经济产业园区	7.49 平方千米	现代渔业、水产品精深加工、冷链物流、海洋休闲旅游、港口物流、船舶工业、海洋生物、海洋油气业	
天津	天津塘沽国家海洋高新产业技术开发区	44.5 平方千米	港口和海洋工程装备、海洋食品、海洋石油综合服务研发、海洋石油工程研发、设计和施工、海洋信息服务业	我国迄今为止唯一的国家级海洋高新技术开发区
	天津临港经济区	200 平方千米	造修船、海上工程、重型装备，智能装备、海洋船舶制造产业	
	南港工业区	200 平方千米	海洋油气开采，海洋石油石化产业	
	中新天津生态城		滨海旅游、海洋文化创意产业、游艇等特色海洋产业；现代都市型海洋渔业，水产品精细加工、冷链物流等特色渔业	
	天津港港区		海洋运输、现代物流、保税仓储等服务产业；航运物流、国际贸易、融资租赁等现代服务业	
山东	威海（荣成）海洋高新技术产业园（即石岛海洋高新技术产业园）	37 平方千米	海洋生物医药产业、海洋科技创新、临港产业、海洋生态养殖业	

续表

省（市、区）	园区	面积	主要产业	备注
山东	威海南海新区	陆域面积1 798平方千米，海域面积1 237平方千米。其中，核心起步区160平方千米，规划建设面积90平方千米	装备制造、临港物流、精细化工等临港产业；海洋文化旅游、滨海度假养生等高端旅游业	
	烟台贝尔特海洋生物产业园	约0.23平方千米	海洋生物制品、生物医药原料、海洋功能食品研发、生产	
	胶南蓝色海洋生物产业园区	5平方千米	基因工程药物、高值化及精细化海藻化工技术与产品、海洋食品及保健品、海洋生物低温酶、海洋生物活性肽脂质技术的深度开发技术	
	日照海大博远海洋生物产业园	0.09平方千米	海洋生物制品、生物医药原料、海洋功能食品研发与生产	
	胶州海洋运输装备产业园		海洋运输设备研发制造	
	胶北现代海洋装备制造产业园		海洋高端装备制造、新能源、新材料	
	青岛黄岛海洋生物产业园	约3.33平方千米	海洋功能食品配料、海洋药物、海产品深加工、海洋化妆品、海洋医用敷料专业化生产	

续表

省（市、区）	园区	面积	主要产业	备注
山东	青岛高新区海洋装备产业园		海洋水文气象观测设备、水下智能探测设备、海洋雷达设备、海洋光学探测设备等关键技术研发和产业化	青岛市拥有14个海洋特色产业园
	青岛西海岸现代水产养殖产业区		水产苗种繁育、工业化养殖与科研创新	
	崂山区海洋生物特色产业园		新型药物为核心的海洋生物医药产业	
	高新区蓝色生物医药科技园		海洋新药物、抗体药物、生物疫苗、干细胞诊疗、海洋生物制品	
	开发区海西湾船舶与海洋工程产业基地		船舶修造、海洋工程	
	青岛市城阳区海工装备产业园		海运冷冻集装箱制造、海洋油气开发装备、船舶和海洋工程配套装备制造	
	市南区滨海文化旅游特色产业园		旅游	
江苏	上合组织（连云港）国际物流园	44.94平方千米	装卸、仓储、分拨、配送等基础物流服务；过境物流保税、加工、商品展示、跨境电子商务等增值物流服务；物流信息、大宗交易、离岸金融、航运保险、人民币跨境结算等物流支撑服务	“一带一路”交汇点建设的重要实体平台
	南通滨海园区（通州湾江海联动开发示范区）	292平方千米	综合能源、重型装备、港口物流等临港产业；智能装备、航空、游艇、海洋生物医药、海洋工程装备、海洋新材料、海洋休闲体验等战略性新兴产业；滨海旅游业、国际航空运动、跨境电子商务、科技服务业、现代金融业和滨海休闲农业、现代渔业	

续表

省（市、区）	园区	面积	主要产业	备注
江苏	洋口港经济开发区			
	大丰港经济开发区	200 平方千米	海洋生物医药产业、港口服务业、仓储物流业、海水淡化	
	赣榆海洋经济开发区	158 平方千米	海水育苗及养殖业、海洋工业、海产品加工、海洋高新技术产业、海洋生物技术，海洋化工、海洋制药、滨海旅游	
	盐城新能源淡化海水产业示范园			
	启东船舶工业园区	37 平方千米	造船为主、修船为辅	目前全国最大的海工平台生产基地
	东台海洋工程特种装备产业园		以海洋救生装备、海洋环保装备、船用海水净化设备、中国最大海洋产品网络交易平台为主要行业的海洋工程特种装备生产基地	
	镇江高新区船舶与海工配套产业园	3 平方千米	船舶及海工配套产业	
	扬中海工装备及高技术船舶产业园	9.76 平方千米	高端海洋工程装备及配套、船舶、大型港机等	
	南通船舶配套工业集中区	17.6 平方千米	船舶配套产业	
上海	长兴海洋装备产业园	7.13 平方千米	高新技术船舶及海洋工程装备配套产业	
	上海临港海洋高新产业化基地	3.2 平方千米	海洋资源的开发与利用技术、海洋工程设备研发技术、海洋综合信息服务	

续表

省（市、区）	园区	面积	主要产业	备注
浙江	宁波梅山国际物流产业集聚区	68.15 平方千米	现代物流商贸、高端基础装备、滨海休闲旅游、临港先进制造业，现代服务业（航运服务业、港口金融业、信息服务业），高效生态渔农业	
	温州瓯江口产业集聚区	59.7 平方千米	临港产业、现代渔农业、空港物流	
	舟山海洋产业集聚区	31.6 平方千米	港航服务、金融信息，船舶工业、海洋工程装备、临港装备、海洋生物医药、现代港口物流、现代渔业等临港产业，滨海旅游业	
	浙江玉环海洋高科技园区	2 308 平方千米（陆地面积 378 平方千米）	海洋生物、海洋药物、海洋生物加工产品、深水网箱设施及养殖技术、海湾海岛生态、休闲渔业综合开发	
	西码头海洋生物产业园			
	浙江舟山普陀海洋高科技园区	243.3 平方千米	海洋生物、海洋功能食品、船舶配件、通信导航、光机电一体化、海产品精深加工、超导超低温冷冻保鲜技术	
	宁波海工装备与高端船舶基地	152.08 平方千米	海工装备、高端船舶制造及其配套产业	宁波五大海洋特色产业基地
	宁波（镇海北仑）现代港航物流产业基地	363 平方千米	现代港航物流产业、临港产业、海洋制造产业	
	宁波梅山国际物流基地	240 平方千米	综合仓储物流、国际贸易	
	宁波南部滨海旅游休闲基地	2 600 平方千米	海洋观光、滨海度假、海上交通旅游、海上休闲运动	
	宁波象山现代海洋渔业基地	陆域面积 250 平方千米，海域面积 6 618 平方千米	水产健康养殖、海洋渔业、水产冷链物流配送、水产品综合贸易	

续表

省（市、区）	园区	面积	主要产业	备注
浙江	温州大宗散货港航物流基地		大宗散货港航物流中心、全国特色大宗商品加工储运基地	温州四大海洋特色产业基地
	温州滨海休闲旅游产业基地		滨海休闲旅游业	
	温州海洋清洁能源及装备产业基地		海洋能利用、海上风电和海上油气资源开发、海洋清洁能源及清洁能源装备产业	
	温州海洋科技创新产业基地		海洋高新技术研发与产业基地、科技成果交流与转化基地、海洋高素质人才集聚基地	
	杭州海水淡化技术与装备制造基地	0.1平方千米	海水淡化装备设计、高端制造、优质服务和核心产品生产，膜组器生产	
	舟山国家远洋渔业基地	268.8公顷	打造以“远洋渔业现代化专业母港”“远洋渔业城”“远洋水产品加工及冷链物流园区”和“远洋渔船修造中心”四大功能区为主体的现代化、综合性远洋渔业基地	
	舟山海洋科技研发基地	0.04平方千米	深海科学研究、海洋资源开发与环境保护、技术研发与装备制造为一体	
	定海海洋旅游度假基地	43.3平方千米	特色海岛旅游、游艇、商务旅游、养生度假	

续表

省(市、区)	园区	面积	主要产业	备注
福建	诏安金都海洋生物产业园	18平方千米	海洋生物制品、海洋生物医药材料、海洋生物育种和健康养殖、海洋生物服务产业及海洋生物综合配套产业	省级海洋产业示范园区
	石狮市海洋生物科技园	9.7平方千米	海洋生物医学功能材料、药品、保健品、生物农药、功能食品基地、海洋生物医药、海产品深加工和冷链物流、现代海洋渔业捕捞	
	霞浦台湾水产品集散中心	6.67平方千米	以水产品(食品)加工、冷藏、冷链物流等功能为主,辐射带动服务、旅游、商贸、金融等产业的发展	
	东山经济技术开发区水产品加工园	1.74平方千米	水产品精深加工业,以及延伸上中下游产业链	
	诏安水产专业加工区	3.54平方千米	水产品的养殖、加工和销售	
	闽台(福州)蓝色经济产业园	65平方千米	涉海服务业、海洋工程装备、滨海旅游、港口物流、海洋生物医药等产业	
	厦门海沧生物医药港	10平方千米	海洋生物医药产业	
	平潭国际海洋产业园	2平方千米	远洋捕捞、水产品(农产品)交易、冷链物流、精深加工、保税仓储、渔港避风,海洋总部经济和海洋产业研发基地	

续表

省（市、区）	园区	面积	主要产业	备注
广东	广州南沙新区科技兴海产业示范基地	54平方千米	科技兴海基地："一核四区"的基地布局，重点发展海洋高端工程装备制造、海洋生物育种、海洋医药和生物制品、现代海洋服务4个产业	广东省现代海洋产业集聚区
	珠海经济技术开发区海洋装备制造集聚区	40平方千米	以中海油深水海洋工程装备制造基地、珠江钢管等项目为主体的海洋工程装备制造产品链，覆盖了从海洋钻井平台到输油管线等重点装备产品；以中船、中冶东方、太阳鸟等企业为主体的船舶和游艇制造产业链，覆盖大型船舶和特种船舶等重点船舶产品；以三一重工为核心，以港口物流为依托的机械工程装备产业链，构成临港重型机械工程装备基地的主体	
	深汕特别合作区海洋产业集聚区			
	湛江"五岛一湾"旅游产业园区	1 041.93平方千米（陆域面积约526.93平方千米）	广东省最大的滨海旅游集聚区。着力打造城市滨海旅游产业集聚区，邮轮、游船、游艇基地，高端海岛会议度假中心三大品牌	广东省专业型海洋产业园区
	汕尾红海湾旅游产业园区		海滨休闲运动、海洋娱乐体验、海上绿道旅游、游艇会等核心旅游产品	

续表

省（市、区）	园区	面积	主要产业	备注
广东	珠海万山产业园区	陆地面积80多平方千米，海域面积3 200平方千米	港口仓储物流业、海洋海岛旅游业和海洋渔业三大主导产业，海洋科技产业	
	深圳大鹏澳产业园区			
	汕头南澳产业园区		滨海旅游度假和现代综合服务业相融合。以海岛旅游为集聚核，培育集海洋产业、旅游加工业、会议博览业、现代科技产业等于一体的多功能旅游产业园区	
	茂名放鸡岛产业园区		滨海旅游	
	惠州大亚湾产业园区			
	深圳市东部海洋生物高新科技产业区	陆地面积1平方千米，海域面积5平方千米	海洋天然产物开发，包括海洋新药、高分子材料、海洋生物活性物质开发；海洋环保产业；海产品高产养殖及加工	
	三一海洋重工珠海产业园	4平方千米	港口机械、海洋工程装备及工程船舶制造	
	龙岗海洋生物产业园	0.05平方千米	海洋生物资源的综合开发与利用、海洋水产品质量检测技术、海洋环境生态修复、海洋水产品精深加工、海洋生物能源开发	
	大鹏海洋生物产业园	0.255平方千米	海洋生物资源的综合开发与利用、海洋生物质量检测技术、海洋环境生态修复、海洋水产品精深加工以及海洋生物能源开发	

续表

省（市、区）	园区	面积	主要产业	备注
广西	广西北海国家海洋生态农业科技园区	核心区10.53平方千米	海水养殖业、海产品加工业、海洋农业观光旅游与休闲渔业、现代水产物流与服务业	
海南	北部湾海南渔业产业园	24平方千米	海洋渔业、深海捕捞渔船卸货交易及避风补给、渔船修造、渔需品加工与销售、海水养殖、海洋生物工程、水产品加工和集散、休闲渔业旅游